传世励志经典

U0607769

活着的境界

中国圣贤大儒励志箴言

辛 尧 编 著

中华工商联合出版社

图书在版编目（CIP）数据

活着的境界：中国圣贤大儒励志箴言 / 辛尧编著
. --北京：中华工商联合出版社，2014.12
ISBN 978-7-5158-1189-5

Ⅰ. ①活… Ⅱ. ①辛… Ⅲ. ①人生哲学－通俗读物
Ⅳ. ①B821－49

中国版本图书馆 CIP 数据核字（2014）第 288281 号

活着的境界
——中国圣贤大儒励志箴言

作　　者：辛　尧
出 品 人：徐　潜
策划编辑：魏鸿鸣
责任编辑：张瑛琪　林　立
封面设计：周　源
责任审读：郭敬梅
责任印制：迈致红
出版发行：中华工商联合出版社有限责任公司
印　　刷：天津旭丰源印刷有限公司
版　　次：2014 年 12 月第 1 版
印　　次：2023 年 4 月第 4 次印刷
开　　本：710mm×1020mm　1/16
字　　数：200 千字
印　　张：15.75
书　　号：ISBN 978-7-5158-1189-5
定　　价：59.80元

服务热线：010－58301130
销售热线：010－58302813
地址邮编：北京市西城区西环广场 A 座
　　　　　19－20 层，100044
http://www.chgslcbs.cn
E-mail：cicap1202@sina.com（营销中心）
E-mail：gslzbs@sina.com（总编室）

序

　　为了给《传世励志经典》写几句话，我翻阅了手边几种常见的古今中外圣贤大师关于人生的书，大致统计了一下，励志类的比例，确为首屈一指。其实古往今来，所有的成功者，他们的人生和他们所激赏的人生，不外是：有志者，事竟成。

　　励志是动宾结构的词，励是磨砺，志是志向，放在一起就是磨砺志向。所以说，励志不是简单的立志，是要像把刀放在石头上磨才能锋利一样，这个磨砺，也不是轻而易举地摩擦一下，而是要下力气的，对刀来说，不仅要把自身的锈磨掉，还要把多余的部分都要毫不留情地磨掉，这简直是一场磨难。所有绚丽的人生都是用艰难磨砺成的，砥砺生命放光华。可见，励志至少有三层意思：

　　一是立志。国人都崇拜的一本书叫《易经》，那里面有一句话说：天行健，君子以自强不息。这是一种天人合一的理念，它揭示了自然界和人类发展演化的基本规律，所以一切圣贤伟人无不遵循此道。当然，这里还有一个立什么样的志的问题，孔子说：士不可以不弘毅，任重而道远。古往今来，凡志士仁人立的都是天下家国之志。李白说：大丈夫必有四方之志，白居易有诗曰：丈夫贵兼济，岂独善一身，讲的都是这个道理。

二是励志。有了志向不一定就能成事，《礼记》里说：玉不琢，不成器。因为从理想到现实还有很大的距离。志向须在现实的困境中反复历练，不断考验才能变得坚韧弘毅，才能一步一个脚印地逐步实现。所以拿破仑说：真正之才智乃刚毅之志向。孟子则把天将降大任于斯人描述得如此艰难困苦。我们看看历代圣贤，从三大宗的创始人耶稣、穆罕默德、释迦牟尼到孔夫子、司马迁、孙中山，直至各行各业的精英，哪一个不是历经磨难终成大业，哪一个不是砥砺生命放射出人生的光芒。

三是守志。无论立志还是励志都不是一朝一夕、一蹴而就的，它贯穿了人的一生，无论生命之火是绚丽还是暗淡，都将到它熄灭的最后一刻。所以真正的有志者，一方面存矢志不渝之德，另一方面有不为穷变节、不为贱易志之气。像孟子说的那样：富贵不能淫、贫贱不能移、威武不能屈。明代有位首辅大臣叫刘吉，他说过：有志者立长志，无志者常立志，这话是很有道理的。

话说回来，励志并非粘贴在生命上的标签，而是融汇于人生中一点一滴的气蕴，最后成长为人的格调和气质，成就人生的梦想。不管你做哪一行，有志不论年少，无志空活百年。

这套《传世励志经典》共收辑了100部图书，包括传记、文集、选辑。为励志者满足心灵的渴望，有的像心灵鸡汤，营养而鲜美；有的就是萝卜白菜或粗茶淡饭，却是生命之必需。无论直接或间接，先贤们的追求和感悟，一定会给我们带来生命的惊喜。

徐　潜

2014 年 5 月 16 日

前　言

　　在历史长河中，对生命意义的定义是哲学、科学及神学一直思考的主题。在不同的文化环境与意识形态背景下，有各种不同的多元化的答案。

　　其实，我们都很普通，不用把活着的意义想得那么复杂，简单地理解它或许更有意义。人活着不可能脱离社会和周围的环境，那么就应该扮演好自己的角色，尽到自己的责任，如当好父母、当好儿女、当好伴侣，让朋友同事因你的存在而温暖而喜悦，让自己的事业因努力而创新而进步。如此，就是自我的一种价值体现。如果对自己的期许更高，那么可以通过创造，增强自己的能力，使自己被更多的人需要或者服务于更多的人，如传播知识、智慧，或者用自己的财力、物力为需要的人付出等，从而使人生的意义和价值得到提升。这样的话，你在为大多数人带来幸福的同时，也获得了更多的幸福。

　　人活着就应该不断地追求知识和美德。说到底，就是提高我们的修养。简单而言，要活得坦然自信，活得有修养，这就应该具备：一份淡定的心情，得失随缘，把"看不惯"变成"看得惯"，使心智成熟；一种播撒善良的意愿，尽己所能，让他人感受到这世上的阳光和美丽；一种承受和担当，在不断的历练中增长才智，忘记烦恼痛苦，汲取教训，勇于担当；一种感恩之心，不管成功失败，有汲取，有感慨，更有珍惜，因为许多幸福的感觉往往来自于此；一种时刻吸取知识的欲望，把读书学习变成一种习惯，用别人之长补己之短，用别人的智慧丰富自己。

活出一种境界，至少我们自己要知道怎么活，怎么与周围和谐，怎么有为于周遭，怎么提升自己的内在修为；活出一种境界，并不是给别人看，更重要的是一种内在的体验，然后外化，与人分享。

关于人生励志的警句箴言浩如烟海，本书从我国历代名家圣贤的经典人生格言中选取了其中的部分名言佳句，结集成册，供读者赏读。由于水平有限，选取时难免存在错谬和不足，请读者多指正。同时也希望读者朋友有所收获。

编　者

目 录

活着的意义

志向与思想

唯之于阿，相去几何？善之与恶，相去若何？人之所畏，不可不畏。荒兮其未央哉！众人熙熙，如享太牢，如春登台。我独泊兮其未兆；如婴儿之未孩；累累兮若无所归。众人皆有余，而我独若遗。我愚人之心也哉！沌沌兮俗人昭昭，我独昏昏。俗人察察，我独闷闷。众人皆有以，而我独顽似鄙。我独异于人，而贵食母。

老子：《老子·二十章》

齐人有东郭敞者，犹多愿，愿有万金。其徒请周焉，不与，曰："吾将以求封也。"其徒怒而去之宋。曰："此爱于无也，故不如以先与之有也。"

商鞅：《商君书·徕民第十五》

凡生之难遇而死之易及。以难遇之生，俟易及之死，可孰念哉？而欲尊礼义以夸人，矫惰性以招名，吾以此为弗若死矣。为欲尽一生之欢，穷当年之乐，唯患腹溢而不得恣口之饮，力惫而不得肆情于色；不遑忧名声之丑，性命之危也。

列御寇：《列子·杨朱篇》

世之人以为养形足以存生，而养形果不足以存生，则世奚足为哉？虽不足为而不可不为者，其为不免矣！夫欲免为形者，莫如弃世。弃世则无累，无累则正平，正平则与彼更生，更生则几矣！事奚足遗弃而生奚足遗？弃事则形不劳，遗生则精不亏，夫形全精复，与天为一。

庄周：《庄子·达生》

一受其成形，不亡以待尽。与物相刃相靡，其行尽如驰而莫之能止，不亦悲乎！终身役役而不见其成功，苶然疲役而不知其所归，可不哀邪！人谓之不死，奚益！其形化，其心与之然，可不谓大哀乎？人之生也，固若是芒乎？其我独芒，而人亦有不芒者乎？

庄周：《庄子·齐物论》

夫哀莫大于心死，而人死亦次之。

庄周：《庄子·田子方》

今吾告子以人之情：目欲视色，耳欲听声，口欲察味，志气欲盈。人上寿百岁，中寿八十，下寿六十，除病瘦死丧忧患，其中开口而笑者，一月之中不过四五日而已矣。天与地无穷，人死者有时。操有时之具，而托于无穷之间，忽然无异骐骥之驰过隙也。不能说其志意、养其寿命者，皆非通道者也。

庄周：《庄子·盗跖》

既以与人，己愈有。

人生无根蒂，飘如陌上尘，分散逐风转，此已非常身。落地为兄弟，何必骨肉亲。得欢当作乐，斗酒聚比邻。盛年不重来，一口难再晨。及时当勉励，岁月不待人。

陶渊明：《杂诗》

士君子之处世，贵能有益于物耳，不徒高论虚谈，左琴右书，以费人君禄位也！国之用材，大较不过六事：一则朝廷之臣，取其鉴达治体，经纶博雅；二则文史之臣，取其著述宪章，不忘前古；三则军旅之臣，取其继决有谋，强干习事；四则藩屏之臣，取其明练风俗，清白爱民；五则使命之臣，取其识变从宜，不辱君命；六则兴造之臣，取其程功节费，开略有术，此则皆勤学守行者所能辨也。人性有长短，岂责具美，于六涂哉？但当皆晓指趣，能守一职，便无愧耳。

颜之推：《颜氏家训·涉务》

荣辱升沉影与身，世情谁是旧雷陈？唯应鲍叔犹怜我，自保曾参不杀人。山入白楼沙苑暮，潮生沧海野塘春。老逢佳景唯惆怅，两地各伤何限神。

论才赋命不相干，凤有文章雉有冠。羸骨欲销犹被刻，疮痕未没又遭弹。剑头已折藏须盖，丁字虽刚屈莫难。休学州前罗刹石，一生身敌海波澜。

元稹：《元稹集》

恒其道，一其志，不欺其心，斯固世之所难得也。

柳宗元：《柳宗元集》

年光忽冉冉，世事本悠悠。何必待衰老，然后悟浮休。真隐岂长远，至道在冥搜。身虽世界住，心与虚无游。朝饥有蔬食，夜寒有布裘。幸免冻与馁，此外复何求。

白居易：《白居易集·永崇里观居》

人生大块间，如鸿毛在风；或飘青云上，或落泥涂中。

白居易：《白居易集·闻庚七左降因咏所怀》

答曰："夫随时相宜，而取富贵，凡情所晓，徐公岂不达之？若徐公者，仕仁人也。夫仁者济物也，此道大矣，非常人所知。故孔子曰：'有杀身以成仁，无求生以害仁。'徐公之不爱死亡，固守诚节，用此道也。岂以贵贱生死而易其操履哉！"

潘好礼：《全唐文·徐有功论》

古诗云："人生一世间，忽如远行客。"则世人尽客居也。杜拾遗《羌村》诗云："夜阑更秉烛，相对如梦寐。"则真境皆幻缘也。彼家居者，岂得称主人而笑客之失路哉？徐自束发作客，往来燕、齐几二十年，其于人情物态，始当之，历历皆以为真，而得失若惊；久之，心稍不动，视境之往来，如影过清池，了无有碍，大都妄施而妄应则争，否则泯然而加，未有不寂然止者。

宋懋澄：《九籥集·偏怜客序》

宁有求全之毁，不可有过情之誉；宁有无妄之灾，不可有非分之福。

世事如棋局，不著的才是高手；人生似瓦盆，打破了方见真空。

立身不高一步立，如尘里振衣，泥中濯足，如何超达？处世不退一步处，如飞蛾投烛，羝羊触藩，如何安乐？

晴空朗月，何天不可翱翔，而飞蛾独投夜烛；清泉绿竹，何物不可饮啄，而鸱鸮偏嗜腐鼠。噫！世之不为飞蛾鸱鸮者几何人哉！

洪应明：《菜根谭》

看来耳目尽聪明，不道痴呆自性生：执卷大都忘马足，游重园亦解问蛙鸣。纷华照眼心难动，刀箭围身梦不惊。却怪柳州曾乞巧，冉溪何自得愚名。

归庄：《归庄集·呆》

先儒之言曰："仁者以天地万物为一体，民吾同胞，物吾与也。凡天下疲癃残疾，茕独鳏寡，皆吾兄之颠连而无告者也。"今人不积仁体，故但知有己，不知有人，观一身之外，遂如秦越之肥瘠；至乍见孺子入井，而恻隐之心不能不动，则仁未尝不存，但平日未之思耳。今世之所谓颠连无告者，何地无之，其为入井之孺子也多矣。士君子既不得位，不能推先王之政，行于天下，使之各得其所，则随其力之所及，有以利济而安全之，岂非仁者之事乎？

归庄：《归庄集·同善会约序》

自命顽夫不复疑，平生举止任人嗤。只今老迈衣冠古，不异儿童俎豆嬉。苦志还磨三尺剑，雄心漫寄一枰棋。千年着杀冯长乐，谁许嘉名伴尔痴？

归庄：《归庄集·顽》

嗣同纵人也，志在超出此地球，视地球如掌上，果视此躯曾蚁虱千万分之一不若。一死生，齐修短，嗤伦常，笑圣哲，方欲弃此躯而游于鸿蒙之外，复何不敢勇不敢说之有……视荣华如幻梦，视死辱为常事……惟必须节俭，免得人说嫌话，至要至要！

谭嗣同：引自《湖南历史资料》

真的猛士，敢于直面惨淡的人生，敢于正视淋漓的鲜血。这是怎样的哀痛者和幸福者？然而造化又常常为庸人设计，以时间的流逝，来洗涤旧迹，仅使留下淡红的血色和微漠的悲哀。在这淡红的血色和微漠的悲哀中，又给人暂得偷生，维持着这似人非人的世界。我不知道这样的世界何时是一个尽头！

鲁迅：《鲁迅全集·华盖集续编·记念刘和珍君》

我们所可以自慰的，想来想去，也还是所谓对于将来的希望。

鲁迅：《鲁迅全集》

能做事的做事，能发声的发声。有一分热，发一分光，就如萤火一般，也可以在黑暗里发一点光，不必等候炬火。

鲁迅：《鲁迅全集》

人生的经过，受环境万千现象变化的反映，于心灵的明镜上显种种光影，错综闪烁，光怪陆离，于心灵的圣钟里动种种音响，铿锵递转，激扬沉抑。然生活的意义于客观上常处于平等的地位，只见电影中继继存在陆续相衔的影象，而实质上却是一个个独立的影片。宇宙观中尽成影与响，竟无建立主观的余地。变动转变，复杂万千，等到分析到极处，原无所"有"。

瞿秋白：《瞿秋白诗文选》

人生应该如蜡烛一样，从顶燃到底，一直都是光明的。

肖楚女：《人生珍言录》

❖┄┄┄┄┄┄┄┄┄┄┄❖

颜渊、子路侍。子曰："盍各言尔志？"子路曰："愿车马衣轻裘与朋友共，敝之而无憾。"颜渊曰："愿无伐善，无施劳。"子路曰："愿闻子之志。"子曰："老者安之，朋友信之，少者怀之。"

孔子：《论语·公冶长第五》

子曰："仁远乎哉？我欲仁，斯仁至矣。"

孔子：《论语·述而第七》

君子之道，辟如行远，必自迩；辟如登高必自卑。

子思：《中庸·第十五章》

广土众民，君子欲之，所乐不存焉；中天下而立，定四海之民，君子乐之，所性不存焉。君子所性，虽大行不加焉，虽穷居不损焉，分定故也。君子所性，仁义礼智根于心，其生色也睟然，见于面，盎于背，施于四体，四体不言而喻。

孟子：《孟子·尽心上》

说大人，则藐之，勿视其巍巍然。堂高数仞，榱题数尺，我得志，弗为也。食前方丈，侍妾数百人，我得志，弗为也。般乐饮酒，驱骋田猎，后车千乘，我得志，弗为也。在彼者，皆我所不为也；在我者，皆古之制也，吾何畏彼哉？

孟子：《孟子·尽心下》

诸侯之宝三："土地，人民，政事。宝珠玉者，殃必及身。"

孟子：《孟子·尽心下》

耳目之官不思，而蔽于物。物交物，则引之而已矣。心之官则思，思则得之，不思则不得也。此天之所以与我者。先立乎其大者，则其小者不能夺也。此为大人而已矣。

孟子：《孟子·告子上》

阽余身而危死兮，
览余初其犹未悔。
不量凿而正枘兮，
固前修以菹醢。

曾歔欷余郁邑兮，
哀朕时之不当！
揽茹蕙以掩涕兮，
沾余襟之浪浪！

屈原：《楚辞·离骚》

养志者，心气之思不达也。有所欲，志存而思之。志者，欲之使也。欲多则心散，心散则志衰，志衰则思不达。故心气一则欲不徨，欲不徨则志意不衰，志意不衰则思理达矣。志不养，则心气不固，心气不固，则思虑不达；思虑不达，则志意不实；志意不实，则应对不猛；应对不猛，则失志而心气虚；志失而心气虚，则丧其神矣；

《鬼谷子》

臣本布衣，躬耕于南阳，苟全性命于乱世，不求闻达于诸侯。先帝不以臣卑鄙，猥自枉屈，三顾臣于草庐之中，谘臣以当世之事，由是感激，遂许先帝以驱驰。后值倾覆，受任于败军之际，奉命于危难之间，尔来二十有一年矣。先帝知臣谨慎，故临崩寄臣以大事也。受命以来，夙夜忧叹，恐付托不效，以伤先帝之明，故五月渡泸，深入不毛。今南方已定，兵甲已足，当奖率三军，北定中原，庶竭驽钝，攘除奸凶，兴复汉室，还于旧都，此臣所以报先帝，而忠于陛下之职分也。

诸葛亮：《前出师表》

夫志当存高远，慕先贤，绝情欲，弃疑滞，使庶几之志，揭然有所存，恻然有所感；忍屈伸，去细碎，广咨问，除嫌吝，虽有淹留，何损于美趣，何患于不济。若志不强毅，意不慷慨，徒碌碌滞于俗，默默束于情，永窜伏于平庸，不免于下流矣！

诸葛亮：《诫子书》

人无志，非人也。但君子用心，有所准行，当量其善者，必拟议而后动。若志之所之，则口与心誓，守死无二，耻躬不逮，期于必济。若心疲体躄，或牵于外物，或累于内欲；不堪近患，不忍小情，则议于去就，则二心交争，则向所以见役之情胜矣。或有中道而废，或有未成而败，以之守则不固，以之攻则怯弱，与之誓则多违，与之谋则善泄；临乐则肆情，处逸则极意。故虽荣华熠熠，无结秀之勋；终年之勤，无一日之功。斯君子所以叹息也。若夫申胥之长吟，夷齐之全洁，展季之执信，苏武之守节，可谓固矣！故以无心守之，安而体之，若自然也。乃是守志盛者也。

嵇康：《家诫》

不行其野，不违其马，能予而无取者，天地之配也。

管仲：《管子·形势第二》

莫乐之则莫哀之，莫生之则莫死之。往者不至，来者不极。

管仲：《管子·形势第二》

是故事者生于虑，成于务，失于傲。不虑则不生，不务则不成，不傲则不失。

管仲：《管子·乘马第五》

专于意，一于心，耳目端，知远之证。能专乎？能一乎？能毋卜筮知凶吉乎？能止乎？能已乎？能毋问于人而自得之于己乎？故曰，思之。思之不得，鬼神教之。非鬼神之力也，其精气之极也。

管仲：《管子·心术下第三十七》

能正能静，然后能定。定心在中，耳目聪明，四肢坚固，可以为精舍。精也者，气之精者也。气，道乃生，生乃思，思乃知，知乃正矣。凡心之形，过知失生。

管仲：《管子·内业第四十九》

关尹子曰：一蜂至微，亦能游观乎天地；一虾至微，亦能放肆乎大海。

关尹：《关尹子·六匕篇》

勿轻小事，小隙沈舟。勿轻小物，小虫毒身。勿轻小人，小人贼国。能周小事，然后能成大事。能积小物，然后能成大物。能善小人，然后能契大人。

关尹：《关尹子·九药篇》

人人之梦各异，夜夜之梦各异，有天有地，有人有物，皆思成之，盖不可以尘计。

关尹：《关尹子·二柱篇》

关尹子曰："流者舟也。所以流之者是水，非舟。运者车也，所以运之者是牛，非车。思者心也，所以思之者是意，非心。"

关尹：《关尹子·五鉴篇》

关尹子曰："好仁者，多梦松柏桃李；好义者，多梦兵刀金铁；好礼者，多梦簠簋笾豆；好智者，多梦江湖川泽；好信者，多梦山岳原野。役于五行，未有然者。"

关尹：《关尹子·六匕篇》

世间行乐亦如此，古来万事东流水。

别君去兮何时还？且放白鹿青崖间，

须行即骑访名山。安能摧眉折腰事权贵，

使我不得开心颜。

李白：《李太白全集》

青天有月来几时？我今停杯一问之。人攀明月不可得，月行却与人相随。皎如飞镜临丹阙，绿烟灭尽清辉发。但见宵从海上来，宁知晓向云间没。白兔捣药秋复春，嫦娥孤栖与谁邻？今人不见古时月，今月曾经照古人。古人今人若流水，共看明月皆如此。唯愿当歌对酒时，月光长照金樽里。

李白：《李太白全集》

人之其所亲爱而辟焉，之其所贱恶而辟焉，之其所畏敬而辟焉，之其所哀矜而辟焉，之其所傲惰而辟焉。故好而知其恶，恶而知其美者，天下鲜矣！故谚有之曰：人莫知其子之恶，莫知其苗之硕。

曾子：《大学·八章》

故为蔽：欲为蔽，恶为蔽；始为蔽，终为蔽；远为蔽，近为蔽；博为蔽，浅为蔽，深为蔽；古为蔽，今为蔽。凡万物异则莫不相为蔽，此心术之公患也。

荀况：《荀子·解蔽》

梦者之义疑，或言：梦者，精神自止身中为吉凶之象。或言：精神行，与人物相更。今其审止身中，死之精神亦将复然。

今其审行，人梦杀伤人，若为人所复杀，明日视彼之身，察己之体，无兵刃创伤之验。夫梦用精神，精神，死之精神也。梦之精神不能害人，死之精神安能为害？

王充：《论衡·论死篇》

人之死也，其犹梦也。梦者，殄之次也；殄者，死之比也。人殄不悟则死矣。案人殄复悟，死复来者，与梦相似，然则梦、殄、死，一实也。人梦不能知觉时所作，犹死不能识生时所为矣。

王充：《论衡·论死篇》

心者何，即唐虞相传之道心也。人心者，道心中之人心也。离人心则道心见矣，道心见，则即人心皆道心矣。见道心，故谓之悟，即人心皆道心则修也。悟到即修到，非有二也。圣贤之学，期于悟此道心而已矣。此乃至灵至觉，至虚至妙，不生不死，治世出世之大宝藏焉。

袁中道：《珂雪斋近集·传心篇叙》

梦者，魂之游也。魄不灵而魂灵，故形不灵而梦灵。事所未有，梦能造之；意所未设，梦能开之。其不验，梦也；其验，则非梦也。梦而梦，幻乃真矣；梦而非梦，真乃愈幻矣。人不能知我之梦，而我自知之；我不能自见其魂，而人或见之。我自觉其梦，而自不能解，魂不可问也；人见我之魂，而魂不自觉，亦犹之乎梦而已矣。生或可离，死或可招，他人之体或可附，魂之于身，犹客寓乎？至人无梦，其情忘，其魂寂。下愚亦无梦，其情蠢，其魂枯。常人多梦，其情杂，其魂荡。畸人异梦，其情专、其魂清。精于情者，魂与之俱；精于术者，魂为之使。呜呼，茫茫宇宙，亦孰非魂所为哉！

冯梦龙：《冯梦龙诗文·叙·情幻类》

孔宣父云："我则异于是，无可无不可，可者适意，不可者不适意也。君子以布仁施义，活国济人为适意。纵其道不行，亦无意为不适意也。苟身心相离，理事俱如，则何往而不适。"

王维：《王右丞集·与魏居士书》

嗟乎，时运不齐，命途多舛，冯唐易老，李广难封。屈贾谊于长沙，非无圣主；窜梁鸿于海曲，岂乏明时？所赖君子安贫，达人知命。老当益壮，宁移白首之心；穷且益坚，不坠青云之志。酌贪泉而觉爽，处涸辙而相欢。北海虽赊，扶摇可接；东隅已逝，桑榆非晚。

王勃：《秋日登洪府滕王阁饯别序》

为天地立志，为生民立道，为去圣继绝学，为万世开太平。

张载：《张载集·张子语录》

志不可不笃，亦不可助长。志不笃则忘废。助长，於文义上也且有益，若于道理上助长，反不得。"优而柔之，使自求之；厌而饫之，使自趣之；若江海之浸，膏泽之润，涣然冰释。怡然理顺，然后为得也。"

程颐、程颢：《二程集·遗书》

夫众人日有所思，夜则或梦，设或不思而梦，亦是旧习气类相应。

程颐、程颢：《二程集·遗书》

进则安居以行其志，退则安居以修其所未能，则是进亦有为，退亦有为也。近世士大夫，惟狃于进，退则昏然无所猷为，甚而茹愧怀惭，蹙缩不敢一出户。夫轩冕，古人以为傥来之物也，其有也何所加，其无也何所损。不思良贵在我，唯假于物以为重轻焉，则其人品之卑下，不待论而可知矣。

徐元端：《吏学指南·进退皆有为》

"志"者，气之帅也。此志一提醒，如大将登坛，三军听命，更何众欲纷扰之有。

张岱：《四书遇·论语》

立志之始，在脱习气。习气熏人，不醪而醉。其始无端，其终无谓。袖中挥拳，针尖竞利，狂在须臾，九牛莫制。岂有丈夫，忍以身试？彼可怜悯，我实惭愧。前有千古，后有百世。广延九州，旁及四裔。何所羁络？何所拘执？焉有骐驹，随行逐队？无尽之财，岂吾之积。目前之人，皆吾之治。特不屑耳，岂为吾累。潇洒安康，天君天系。亭亭鼎鼎，风光月霁。以之读书，得古人意。以之立身，踞豪杰地。以之事亲，所养惟志。以之交友，所合惟义。惟其超越，是以和易。光芒烛天，芳菲匝地。深潭映碧，春山凝翠。寿考维祺，念之不昧。

王船山：《王船山诗文集·示子侄》

昔歌行路难，闭门谁知霜雪寒。君不见门户萧条任东里，茔上芜花坠红紫。空持颜面问何人，相顾悠悠如逝水。丈夫有恩必有怨，五岳须臾起方寸。生子能如孙仲谋，张昭犹劝做降侯。何况六朝金粉客，晨越东阡复西陌。彦升文藻散寒烟，枯木不留霜后碧。酌君酒，向君笑，蜀道干盘皆陡峭。飞鸟啄屋无定方，安得金丹驻年少。

王船山：《王船山诗文集·后行路难》

仁无术而不行。尧、舜之政，周、孔之教，神农之药，皆术也，皆所以行其仁也。使尧、舜、周、孔、神农虽仁其民如婴儿，而无术以及之，其奚能为？虽然，后之人为政教医药，其厉民加倍焉。岂古人之术不仁与？曰：仁者见之谓之仁也。见何在？志是已。孔子称志于道，孟子称尚志，又曰："夫志，气之帅也。"志之所在，不特慧力与俱，而精诚之至，天亦相之。今之为政教医药者，推其志果可以见周公、孔子、神农乎？然则其术之不工也，乃其志之不仁也。

袁枚：《小仓山房诗文集·送医者韩生序》

立德、立功、立言、立节，谓之四不朽。自夫杂霸为功，意气为节，文词为言，而三者始不皆出于道德，而崇道德者又或不尽兼功节言，大道遂为天下裂。君子之言，有德之言也；君子之功，有体之用也；君子之节，仁者之勇也。故无功、节、言之德，于世为不耀之星，无德之功、节、言，于身心为无原之雨；君子皆弗取焉。《诗》曰："瑟兮僩兮，赫兮咺兮，有匪君子，终不可谖兮。"

魏源：《魏源集》

天下事无所为而成者极少，有所贪有所利者居其半，有所激有所逼而成者居其半。

曾国藩：《曾国藩全集》

君子之立志也，有民胞物与之量，有内圣外五之业，而后不忝于父母之所生，不愧为天地之完人。故其为忧也，以不如舜不如周公为忧也，以德不修学不讲为忧也。是故顽民梗化则忧之，蛮夷猾夏则忧之，小人在位，贤人否闭则忧之，匹夫匹妇不被已泽则忧之，所谓悲天命而悯人穷，此君子之所忧也。若夫一身之屈伸，一家之饥饱，世俗之荣辱得失、贵贱毁誉，君子固不暇忧及此也。

曾国藩：《曾国藩家书》

家中境地虽渐宽裕，切不可忘却先世之艰难，有福不可享尽，有势不可使尽。勤字工夫，第一贵早起，第二资有恒。俭字工夫，第一莫着华丽衣服，第二莫多用仆婢雇工。凡将相无种，圣贤豪杰亦无种，只要人肯立志，都可以做得到的。

曾国藩：《曾国藩全集》

凡人之情，莫不好逸而恶劳；无贵贱智愚老少，皆贪于逸而惮于劳，古今之所同也。人一日所着之衣，所进之食，与一日所行之事，所用之力相称，则旁人趑之，鬼神许之，以为彼自食其力也。若农夫织妇，经岁勤动，以成数石之粟，数尺之布；而富贵之家经岁逸乐，不营一业，而食必珍羞，衣必锦绣，酣豢高眠，一呼百诺，此天下最不平之事，鬼神所不许也。其能久乎？古之圣君贤相，若汤之昧且丕显，文王日昃不遑，周公夜以继日，坐以待旦，盖无时不以勤劳自勉。《无逸》一篇，推之于勤则寿考，逸则夭亡，历历不爽。为一身计，则必操习技艺，磨练筋骨，困知勉行，操心危虑，而后可以增智慧而长才识。为天下计，则必已饥已溺，一夫不获，引为余辜。大禹之周乘四载，过门不入，墨子之摩顶放踵，以利天下，皆极俭以奉身，而极勤以救民。故荀子好称大禹、墨翟之行，以其勤劳也。

曾国藩：《曾国藩教子书》

凡人做一事，便须全副精神注在此一事，首尾不懈；不可见异思迁，做这样想那样，坐这山望那山。人而无恒，终身一无所成。我生平坐犯无恒的弊病，实在受害不小。当翰林时应留心诗字，则好涉猎他书以纷其志。读性理书时，则杂以诗文各集以歧其趋；在六部时，又不甚实力讲求公事；在外带兵，又不能竭力专治军事，或读书写字以乱其志意。坐是垂老而百无一成，即水军一事，亦掘井九仞而不及泉，弟当以力鉴戒，现在带勇即埋头尽力以求带勇之法，早夜孳孳，日所思，夜所梦，舍带勇以外则一概不管。不可又想读书，又想中举，又想作州县，纷纷扰扰，千头万绪，将来又蹈我之覆辙，百无一成，悔之晚矣。

曾国藩：《曾国藩家书》

扶持世教，利国利民，正是士人分所应为。宋范文正、明孙文正，并皆身为诸生，志在天下。国家养士，岂仅望其能作文字乎？通晓经术，明于大义，博考史传，周悉利病，此为根抵。尤宜讨论当时事势，方为切实经济。盖不读书者为俗吏，见近不见远；不知时务者为陋儒，可言不可行，即有大言正论，皆蹈古史所论高而不切之病。

张之洞：《张文襄全集·輶轩语》

古人却向书中见，
男子要为天下奇。

黄兴：《黄兴集·为陈家鼐书联》

权然后知轻重，度然后知长短，凡两相比较者，皆不可无标准。今欲即人之行为，而比较其善恶，将以何为标准乎？曰：至善而已；理想而已；人生之鹄而已。三者其名虽异，而核之于伦理学，则其义实同。何则？实现理想，而进化不已，即所以近于至善，而以达人生之鹄也。

……

吾人既以理想为判断之标准，则理想者何谓乎？曰：窥现在之缺陷而求将来之进步，冀由是而驯至于至善之理想是也。故其理想，不同人各不同，即同一人也，亦复循时而异……

理想者，人之希望，虽在其意识中，而未能实现之于实在，且恒与实在者相反，及此理想之实现，而他理想又从而据之，故人之境遇日进涉，而理想亦随而益进。理想与实在，永无完全符合之时，如人之夜行，欲踏已影而终不能也。

惟理想与实在不同，而又为吾人必欲实现之境，故吾人有生生不息之象。使人而无理想乎，夙兴夜寐，出作入息，如机械然，有何生趣？是故人无贤愚，未有不具理想者。惟理想之高下，与人生品行关系甚巨。其下者，囿于至简之作用达之，及其不果，遂意气沮丧，流于厌世主义。且有因而自杀者，是皆意力薄弱之故也。吾人不可无高尚之理想，而又当以坚忍之力向之，日新又新，务实现之而后已，斯则对于理想之责任也。

蔡元培：《理想论》

心之官则思，一息不思，则官失其职，故人无思而无乎不思。绝无所为，思虑未起之时，惟物感相乘而心为之动，则思为物化，一点精明之气，不能自主，遂为憧憧往来之思矣，如官犯贼，乃溺职也。

黄宗羲：《黄宗羲全集·子刘子学言》

　　人类之生，其性善辩，其性善思，惟其智也。禽兽颛颛冥愚，不辩不思。人之所以异于禽兽者在此。智人之生，性尤善辩，心尤善思，惟其圣也。民生颛颛顽愚，不辩不思。君子所以异于小人者在斯。

　　　　　　康有为：《康有为全集》第1卷《教学通义》

　　要个性发展，必须从思想解放入手。怎样叫做思想解放呢？无论什么人向我说什么道理，我总要穷原竟委想过一番，求出个真知灼见；当运用思想时，绝不许有丝毫先入为主的意见束缚自己，空洞洞如明镜照物，经此一想，觉得对，我便信从，觉得不对，我便反抗。"曾经圣人手，议论安敢到。"这是韩昌黎极无聊的一句话。圣人做学问，便已不是如此，孔子教人择善而从，不经一番择，何由知得他是善？只这个"择"字，便是思想解放的关键。

　　　　　　梁启超：《饮冰室合集·专集·欧游心影录》

义务与未来

　　昧昧我思之。如有一介臣，断断猗无他技，其心休休焉，其如有容。人之有技，若己有之。人之彦圣，其心好之，不啻若自其口出。是能容之，以保我子孙黎民，亦职有利哉！人之有技，冒疾以恶之；人之彦圣而违之俾不达。是不能容，以不能保我子孙黎民，亦曰殆哉！

《尚书·秦誓》

　　天曰虚，地曰静，乃不伐。洁其宫，开其门，去私毋言，神明若存。纷乎其若乱，静之而自治。强不能遍立，智不能尽谋。物固有形，形固有名，名当谓之圣人。故必知不言之言，无为之事，然后知道之纪。殊形异执，不与万物异理，故可以为天下殆。

管仲：《管子·心术上第三十六》

　　是故内聚以为泉源。泉之不竭，表里遂通；泉之不涸，四支坚固。能令用之，被及四固。

是故圣人一言解之，上察于天，下察于地。

　　　　　　　　管仲：《管子·心术上第三十七》

一年之计，莫如树谷；十年之计，莫如树木；终身之计，莫如树人。一树一获者，谷也；一树十获者，木也；一树百获者，人也。我苟种之，如神用之，举事如神，唯王之门。

　　　　　　　　　　　管仲：《管子·权修第三》

是故智者知之，愚者不知，不可以教民；巧者能之，拙者不能，不可以教民。非一令而民服之也，不可以为大善；非夫人能之也，不可以为大功。

　　　　　　　　　　　管仲：《管子·乘马第五》

疑今者察之古，不知来者视之往。万事之生也，异趣而同归，古今一也。

　　　　　　　　　　　管仲：《管子·形势第二》

疾之，疾之，万物之师也。为之，为之，万物之时也。强之，强之，万物之指也。

　　　　　　　　　　管仲：《管子·枢言第十二》

故有事，事也；毋事，亦事也。吾畏事，不欲为事；吾畏言，不欲为言。故行年六十而老吃也。

　　　　　　　　　　管仲：《管子·枢言第十二》

善为士者，不武；善战者，不怒；善胜敌者，不与；善用人者，为之下。是谓不争之德，是谓用人之力，是谓配天古之极。

老子：《老子·六十八章》

小国寡民，使有什伯之器而不用，使人重死而不远徙。虽有舟舆，无所乘之；虽有甲兵，无所陈之。使人复结绳而用之。

甘其食，美其服，安其居，乐其俗。邻国相望，鸡犬之声相闻，民至老死不相往来。

老子：《老子·第八十章》

合抱之木，生于毫末；九层之台，起于累土；千里之行，始于足下。

民之从事，常于几成而败之。慎终如始，则无败事。

老子：《老子·六十四章》

天不能冬莲春菊，是以圣人不违时也，不能洛橘汶貉，是以圣人不违俗。圣人不能使手步足握，是以圣人不违我所长，圣人不能使鱼飞禽驰，是以圣人不违人所长。

关尹：《关尹子·九药篇》

关尹子曰："习射习御，习琴习弈，终无一事可以一见得者。"

关尹：《关尹子·一字篇》

二三子有复于子墨子学射者。子墨子曰："不可。夫知者必量其力所能至而从事焉。国士战且扶人，犹不可及也。今子非国士也，岂能成学又成射哉？"

墨翟：《墨子·公孟》

彭轻生子曰："往者可知，来者不可知。"子墨子曰："籍设而亲在百里之外，则遇难焉，期以一日也，及之则生，不及则死。今有固车良马于此，又有奴马四隅之轮于此，使子择焉，子将何乘？"对曰："乘良马固车，可以速至。"子墨子曰："焉在矣来！"

墨翟：《墨子·鲁问》

虽我之死，有子存焉。子又生孙，孙又生子，子又有子，子又有孙，子子孙孙，无穷匮也；而山不加增，何苦而不平？

列御寇：《列子·汤问篇》

故先圣不一其能，不同其事。名止于实，义设于适，是之谓条达而福持。

庄周：《庄子·至乐》

思乃精，志之荣，好而壹之神以成。精神相及，一而不贰，为圣人。

荀况：《荀子·成相》

吾尝终日而思矣，不如须臾之所学也；吾尝跂而望矣，不如登高之博见也。登高而招，臂非加长也，而见者远；顺风而呼，声非加疾也，而闻者彰。假舆马者，非利足也，而致千里；假舟楫者，非能水也，而绝江河。君子生非异也，善假于物也。

荀况：《荀子·劝学》

蓬生麻中，不扶而直；白沙在涅，与之俱黑。兰槐之根是为芷，其渐之潃，君子不近，庶人不服。其质非不美也，所渐者然也。故君子居必择乡，游必就士，所以防邪僻而近中正也。

荀况：《荀子·劝学》

故人无师无法而知，则必为盗；勇，则必为贼；云能，则必为乱；察，则必为怪；辩，则必为诞。人有师有法而知，则速通；勇，则速威；云能，则速成；察，则速尽；辩，则速论。故有师法者，人之大宝也；无师无法者，人之大殃也。

荀况：《荀子·儒效》

造父者，天下之善御者也，无舆马则无所见其能；羿者，天下之善射者也，无弓矢则无所见其巧；大儒者，善调一天下者也，无百里之地则无所见其功。

荀况：《荀子·儒效》

贤者善人以人，中人以事，不肖者以财。得十良马，不若得一伯乐；得十良剑，不若得一欧冶；得地千里，不若得一圣人。

《吕氏春秋·赞能》

禹之决江水也，民聚瓦砾。事已成，功已立，为万世利。禹之所见者远也，而民莫之知，故民不可与虑化举始，而可以乐成功。

《吕氏春秋·乐成》

穴深寻则人之臂必不能极矣，是何也？不至之故也，智亦有所不至。所不至，说者虽辩，为道虽精，不能见矣。故箕子穷于商，范蠡流乎江。

《吕氏春秋·悔过》

夫民无常勇，亦无常怯。有气则实，实则勇；无气则虚，虚则怯。怯勇虚实，其由甚微，不可不知。勇则战，怯则北。战而胜者，战其勇者也，战而北者，战其怯者也。

《吕氏春秋·决胜》

人主之行与布衣异，势不便，时不利，事仇以求存。执民之命，重任也，不得以快志为故。故布衣行此，指于国，不容乡曲。

《吕氏春秋·行论》

且夫耳目知巧，固不足恃，惟修其数，行其理为可。

《吕氏春秋·任数》

太上知之，其次知其不知，不知则问，不能则学。《周箴》曰："夫自念斯，学德未暮。"学贤问，三代之所以昌也。不知而自以为知，百祸之宗也。

《吕氏春秋·谨听》

今或谓人曰："使子必智而寿。"则世必以为狂。夫智，性也，寿，命也，性命者，非所学于人也，而以人之所不能为说人，此世之所以谓之为狂也。

韩非：《韩非子·显学》

夫有材而无势，虽贤不能制不肖。故立尺材于高山之上，下则临千仞之谷，材非长也，位高也。桀为天子，能制天下，非贤也，势重也。尧为匹夫，不能正三家，非不肖也，位卑也。千钧得船则浮，锱铢失船则沉，非千钧轻而锱铢重也，有势之与无势也。

韩非：《韩非子·功名》

明君之所以立功成名者四：一曰天时，二曰人心，三曰技能，四曰势位。非天时，虽十尧不能冬生一穗；逆人心，虽贲、育不能尽人力。故得天时则不务而自生，得人心则不趣而自劝，因技能则不急而自疾，得势位则不进而名成。

韩非：《韩非子·功名》

天下有信数三：一曰智有所不能立，二曰力有所不能举，三曰强有所不能胜。故虽有尧之智而无众人之助，大功不立；有乌获之劲而不得人助，不能自举，有贲、育之强而无法术，不得长生，故势有不可得，事有不可成……

韩非：《韩非子·观行》

惠子曰："置猿于柙中，则与豚同。"故势不便，非所以逞能也。

韩非：《韩非子·说林下》

今夫轻爵禄，易去亡，以择其主，臣不谓廉。诈说逆法，倍主强谏，臣不谓忠，行惠施利，收下为名，臣不谓仁。外使诸侯，内耗其国，伺其危险之陂以恐其主，曰："交非成不亲，怨非成不解。"而主乃信之，以国听之，卑主之名以显其身，毁国之原以利其家，臣不谓智。

韩非：《韩非子·有度》

瞽者善听，聋者善视。绝利一源，用师十倍。三反昼夜，用师万倍。

《阴符经》

有根株于下，有荣叶于上，有实核于内，有皮壳于外。文墨辞说，士之荣叶皮壳也，实诚在胸臆，文墨者竹帛，外内表里，自相副称，意奋而笔纵，故文见而实露也。人之有文也，犹禽之有毛也。毛有五色，皆生于体，苟有文无实，是则五色之禽毛妄生也。选士以射，心平体正。执弓矢审固，然后射中。论说之出，犹弓发也。论之应理，犹矢之中的。夫射以矢中效巧，论以文墨验奇。奇巧俱发于心，其实一也。

王充：《论衡·超奇篇》

大凡入形器者，皆有能有不能。天，有形之大者也；人，动物之尤者也。天之能，人固不能也；人之能，天有所不能也。故余曰：天与人交相胜尔。

柳宗元：《柳宗元集》

道德与五常，存乎人者也；克明而有恒，受于天者也。

柳宗元：《柳宗元集·天爵论》

谋于知道者而考诸古，师不乏矣。幸而亟来，终日与吾子言，不敢倦，不敢爱，不敢肆。苟去其名，全其实，以其余易其不足，亦可交以为师矣。如此，无也俗累而有益乎已，古今未有好道而避是者。

柳宗元：《柳宗元集》

形之龙也类有德，声之宏也类有能。向不出其技，虎虽猛，疑畏，卒不敢取。

柳宗元：《柳宗元集》

夫人识有不烛，神有不明，则真伪莫分，邪正靡别。昔人有以发绕灸误其国君者，有置毒于胙诬其太子者。夫发经炎炭，必致焚灼，毒味经时，无复杀害。而行之者伪成其事，受之者信以为然，故使见咎一时，取怨千载。夫史传纪事，亦多如此，其有道理难凭，欺诬可见，如古来学者，莫觉其非，盖往往有焉。

刘知几：《史通外篇·暗惑第十二》

天薄我以福，吾原吾德以迓之；天劳我以形，吾逸吾心以补之；天厄我以遇，吾亨吾道以通之。天且奈我何哉！

洪应明：《菜根谭》

遇大事矜持者，小事必纵驰；处明庭检饰者，暗室必放逸。君子则一个念头持到底，自然临小事如临大敌，坐密室若坐通衢。

洪应明：《菜根谭》

观物弗察者，称名不类，如世以琴棋并称是已。弈秋之弈，吾不得见矣，然度不能过于今之善弈者，且或不及之也；伯牙之琴，吾不得闻矣，然知今之善琴者远不能及也。何者？琴，天机也；弈，人机也。天机顺乎自然，人机凿而愈入，故于古今各有近尔。然使有人于此，挟天以胜人，遂可谓之古人乎？曰：不可。夫所贵乎天者，忘乎天者也。挟天以胜人，是亦人也。是非惟不能以琴化弈，且将以弈之心而琴也，故不可也。

刘熙载：《刘熙载论艺六种·观物》

气质但就一人而言，亦有好处有不好处。苟辨之不明，涵养变化之功于何下手？

变化气质之难，多由不能舍己；不能舍己，多由看得这个"己"本是好底。故欲变化者，必先有自知之明，乃能力于自克也。

刘熙载：《刘熙载论艺六种·克治》

人于五脏六脉有一处受病，必念念在此而为之所。诚念天下之病若病之在身，则自不容已于求治矣。《国语》云："夫苟中心图民，知虽不及，必将至焉"，善夫！

己富而能济人之贫，己贵而能恤人之贱，己智而能觉人之愚，己勇而能振人之弱，与利物为体，即是可推。

刘熙载：《刘熙载论艺六种·济物》

夫成才之本在学。君子诚务于学，则其息愈深，其出愈溥，虽川之方至，不足喻也。不然，挟微末以自足，袭近似以为能，往者不虑其宗，来者不思其继，非独无以充之日盛，且纵而消耗淤塞之，可不为大惧乎？

刘熙载：《刘熙载论艺六种·答问海子池》

心无力者，谓之庸人。报大仇，医大病，解大难，谋大事，学大道，皆以心之力。

龚自珍：《龚自珍全集·壬癸之际胎观第四》

庖丁之解牛，伯牙之操琴，羿之发羽，僚之弄丸，古之所谓神技也。戒庖丁之刀曰：多一割亦笞汝，少一割亦笞汝；韧伯牙之弦曰：汝今日必志于山，而勿水之思也；矫羿之弓，捉僚之丸曰：东顾勿西逐，西顾勿东逐；则四子者皆病。

龚自珍：《龚自珍全集·明良论四》

小事不糊涂之谓能，大事不糊涂之谓才。

魏源：《魏源集·默觚下·治篇七》

子曰："善人，吾不得而见之矣，得见有恒者斯可矣。亡而为有，虚而为盈，约而为泰，难乎有恒矣。"

孔子：《论语·述而第七》

子路曰："君子尚勇乎？"子曰："君子义以为上，君子有勇而无义为乱，小人有勇而无义为盗。

孔子：《论语·阳货第十七》

子曰："里仁为美。择不处仁，焉得知？"

孔子：《论语·里仁第四》

子曰："二三子，以我为隐乎？吾无隐乎尔。吾无行而不与二三子者，是丘也。"

子以四教：文、行、忠、信。

孔子：《论语·述而第七》

子曰："有教无类。"

孔子：《论语·卫灵公第十五》

曾子曰："君子思不出其位。"

孔子：《论语·宪问第十四》

子夏曰："百工居肆以成其事，君子学以致其道。"

孔子：《论语·子张第十九》

子曰："君子食无求饱，居无求安，敏于事，而慎于言，就有道而正焉，可谓好学也已。"

孔子：《论语·学而第一》

子曰："知之者不如好之者，好之者不如乐之者。"

孔子：《论语·雍也第六》

子曰："志于道，据于德，依于仁，游于艺。"

子曰："自行来修以上，吾未尝无诲焉。"

子曰："不愤不启，不悱不发。举一隅，不以三隅反，则不复也。"

孔子：《论语·述而第七》

子曰："女奚不曰，其为人也，发愤忘食，乐以忘忧，不知老之将至云尔。"

子曰："我非生而知之者，好古，敏以求之者也。"

孔子：《论语·述而第七》

子曰："三人行，必有我师焉。择其善者而从之，其不善者而改之。"

孔子：《论语·述而第七》

子曰："盖有不知而作之者，我无是也。多闻，择其善者而从之，多见而识之，知之次也。"

孔子：《论语·述而第七》

子曰："莫我知也夫！"子贡曰："何为其莫知子也？子曰："不怨天，不尤人，下学而上达。知我者其天乎！"

孔子：《论语·宪问第十四》

孔子曰："生而知之者，上也；学而知之者，次也；困而学之，又其次也；困而不学，民斯为下矣。"

孔子：《论语·季氏第十六》

子夏曰："日知其所之，日无忘其所能，可谓好学也已矣。"

子夏曰："博学而笃志，切问而近思，仁有其中矣。"

孔子：《论语·子张第十九》

所谓壹教者，博闻、辩慧，信廉、礼乐，修行，群党，任誉，清浊，不可富贵，不可以评刑，不可独立私议以陈其上。坚者被，锐者挫。

商鞅：《商君书·赏刑第十七》

昔者曾子谓小襄曰："子好勇乎？吾尝闻大勇于夫子矣：自反而不缩，虽褐宽博，吾不惴焉；自反而缩，虽千万人，吾往矣。"

孟子：《孟子·公孙丑上》

孟子曰："无或乎王之不智也。虽有天下易生之物也，一日暴之，十日寒之，未有能生者也。吾见亦罕矣，吾退而寒之者至矣，吾如有萌焉何哉？今夫弈之为数，小数也；不专心致志，则不得也。

孟子：《孟子·告子上》

人皆有所不忍，达之于其所忍，仁也；人皆有所不为，达之于其所为，义也。人能充无欲害人之心，而仁不可胜用也；人能充无穿逾之心，而义不可胜用也；人能充无受尔汝之实，无所往而不为义也。

孟子：《孟子·尽心下》

曰"一齐人傅之，众楚人咻之，虽日挞而求其齐也，不可得矣；引而置之庄岳之间数年，虽日挞而求其楚，亦不可得矣。子谓薛居州，善士也，使之居于王所。在于王所者，长幼卑尊皆薛居州也，王谁与为不善？在王所者，长幼卑尊皆非薛居州也，王谁与为善？一薛居州，独如宋王何？"

孟子：《孟子·滕文公下》

天将降大任于斯人也，必先苦其心志，劳其筋骨，饿其体肤，空乏其身，行拂乱其所为，所以动心忍性，增益其所不能。人恒过，然后能改；困于心，衡于虑，而后作；征于色，发于声，而后喻。入则无法家拂士，出则无敌国外患者，国恒亡。然后知生于忧患而死于安乐也。

孟子：《孟子·告子下》

君子之所以教者五：有如时雨化之者，有成德者，有达财者，有答问者，有私淑艾者。此五者，君子之所以教也。

孟子：《孟子·尽心上》

仕非为贫也，而有时乎为贫；娶妻非为养也，而有时乎为养。为贫者，辞尊居卑，辞富居贫。辞尊居卑，辞富居贫，恶乎宜乎？抱关击柝，孔子尝为委吏矣，曰，"会计当而已矣"。尝为乘田矣，曰，"牛羊茁壮长而已矣"。位卑而言高，罪也；立乎人之本朝，而道不行，耻也。

孟子：《孟子·万章下》

君子深造之以道，欲其自得之也，自得之，则居之安；居之安，则资之深；资之深，则取之左右逢其原，故君子欲其自得之也。

孟子：《孟子·离娄下》

吾闻之也：有官守者，不得其职则去；有言责者，不得其言则去。"

孟子：《孟子·公孙丑下》

文以气为主，气之清浊有体，不可力强而致。譬诸音乐，曲度虽均，节奏同检，至于引气不齐，巧拙有素，虽在父兄，不能以移子弟。

曹丕：《典论·论文》

言长本对短，未离生死辙。假使得长生，才能胜夭折。松树千年朽，槿花一日歇：毕竟共虚空，何须跨岁月？彭生徒自异，生死终无别。不如学无生，无生即无灭。

白居易：《白居易集·赠王山人》

人之血气，固有强弱，然志气则无时而衰。苟常持得这志，纵血气衰极，也不由他。如某而今如此老病衰极，非不知每日且放晚起以养病，但自是心里不稳，只交到五更初，目便睡不着了。虽欲勉强睡，然此心已自是个起来的人，不肯就枕了。以此知，人若能持得这个志气定，不会被血气夺。凡为血气所移者，皆是自弃自暴之人耳。

朱熹：《朱子语类·自论为学工夫》

今人做工夫，不肯便下手，皆是有等待。如今日早闻有事，午间无事，则午间便可下手，午间有事，晚间便可下手，却须安待明日。今月若尚有数日，必直待后月，今年尚有数月，不做工夫，必曰，今年岁月无几，直须来年。如此，何缘长进！

朱熹：《朱子语类·总论为学之方》

人之气质，由于天生，本难改变，惟读书可变化气质。古之精相法者，并言读书可以变换骨相。欲求变之法，总须先立坚卓之志。

曾国藩：《曾国藩全集》

（禀气）清则易柔，惟志趣高坚，则可变柔为刚；清则易刻，惟襟怀闲远，则可化刻为厚。

曾国藩：《曾国藩全集》

生长富贵，但闻谀颂之言，不闻督责鄙笑之语，故文理浅陋而不自知。又处境太顺，无困横激发之时，难期其长进。

曾国藩：《曾国藩全集》

为人皆须具有气节，当言则言，当行则行，持正不阿，方可无愧。气节非可猝办，必须养之于平日。惟寒微时即与正士益友以名节廉耻互相激发，则积久而益坚定矣。

张之洞：《张文襄公全集·輶轩语》

直言者，在朝廷则当刍荛也，在大臣则药石也，虽无可采，亦不问责，既足彰圣人善善从长之怀，也足见大臣休休有容之度。

张之洞：《张文襄公全集》

人之所以为人，血气成之，缓急、刚柔、静躁、宽猛、毗阴毗阳，各有所偏，虽性行高美之贤，未有能免之者也。孟子曰："伯益隘，柳下惠不恭。"孔子曰："求也退，由也兼人。"又曰："参也鲁，师也辟，由也喭。"以此诸言，未能中和也。张南轩谓晦庵气质英迈刚明，未免偏隘。若朱子于唐仲友之事，疾恶太严，所谓偏隘也。范文正之高节远志，而与魏公事，拂袖而去，

◊◊◊ 039 ◊◊◊

所谓激也。谢上蔡二十年绝欲，陆子静直明本心，而朱子谓其气质用事，尚须磨砻，去圭角，浸润见光精。又谓看来人全是气质，以此知气质之害乎，为圣者所难也。

康有为：《康有为全集》

网罗重重，与虚空而无极；初当冲决利禄之网罗，次冲决俗学若考据、若词章之网罗，次冲决全球群学之网罗，次冲决君主之网罗，次冲决伦常之网罗，次冲决天之网罗，次冲决全球群教之网罗，终将冲决佛法之网罗。然真能冲决，亦自无网罗；真无网罗，乃可言冲决，故冲决网罗者，即是未尝冲决网罗。循环无端，道通为一，凡诵吾书，皆可于斯二语领之矣。

谭嗣同：《谭嗣同文选注》

坚忍者，有一定之宗旨以标准行为，而不为反对宗旨之外缘所憧扰，故遇有适合宗旨之新知识，必所欢迎。顽固者本无宗旨，徒对于不习惯之革新，而为无知识之反动；苟外力遇其惰性，则一转而不之返。是故坚忍者必不顽固，而顽固者转不坚忍也。

蔡元培：《蔡元培教育论集》

人生于世，非仅仅安常而处顺也。恒遇有艰难之境，又非可畏惧而却走也。于是乎尚勇敢。盲进者，卤莽也。果敢者，有计划，有次第，持定见以进行，而不屈不挠，非贸然从事者也。

蔡元培：《蔡元培教育论集》

盖人类上有究竟之义务，所以克尽义务者，是谓权利，或受外界之阻力，而使不克尽其义务，是谓权利之丧失。是权利由义务而生，并非对待关系。而人类所最需要者，即在克尽其种种责任之能力，盖无可疑。

蔡元培：《蔡元培教育论集》

我必尽义务，而后得与人共享权利；人享权利，亦必尽义务，自修身教授也。

蔡元培：《蔡元培教育论集》

人赖衣、食、住而生，故衣、食、住为保命之要务是也。然使但以衣、食、住保命，而更无活动以尽义务，人生亦太无聊矣。譬如机器，需有房屋以藏之，修理以维持之，此亦机器之权利也。然使但藏诸房屋而不尽其用，则机器之为机器，又何足贵乎？人之能力，远非机器之比，果能为人类尽义务，则衣、食、住之权利，不难取得。且本当发挥其良能，以庄严此世界。余故曰，权利由义务而生，无义务外之权利，而勤朴则义务自尽。

蔡元培：《蔡元培教育论集》

自信力者，成就大业之原也。西哲有言曰："凡人皆立于所欲立之地，是故欲为豪杰，则豪杰矣；欲为奴隶，则奴隶矣。"孟子曰："自谓不能者，自贼者也。"又曰："自暴者不可与有言也，自弃者不可与有为也。"天下人固有识想与议论过绝寻常，而所行事不能有益于大局者，必其自信力不足者也。有初时持一宗旨，任一事业，及为外界毁誉之所刺激，或半途变更废止，不能达其目的者，必其自信力不足者也。

梁启超：《梁启超选集》

自信与虑心，相反而相成者也。人之能有自信力者，必其气象阔大，其胆识雄远，即注定一目的地，则必求贯达之而后已。而当其始之求此目的地也，必校群长以择之；其继之行此目的地也，必集群力以图之。故愈自重者愈不敢轻薄天下人，愈坚忍者愈不敢易视天下事。海纳百川，任重致远，殆其势所必然也。彼故见自封、一得自喜者，是表明其器小易盈之迹于天下。如河伯之见海若，终必望洋而气沮；如何豕之到河东，卒乃怀惭而不前；未见其自信力之能全始全终者也。故自信与骄傲异：自信者常沉着，而骄傲者常浮扬。自信者在主权，而骄傲者在客气。故豪杰之士，其取于人者，常以三人行必有我师为心；其立于己者，常以百世俟圣而不惑为鹄。夫是之谓虑心之自信。

梁启超：《梁启超选集》

人生于天地之间，各有责任。知责任者，大丈夫之始也；行责任者，大丈夫之终也；自放弃其责任，则是自放弃其所以为人之具也。是故人也者，对于一家而有一家之责任，对于一国而有一国之责任，对于世界而有世界之责任。一家之人各各自放弃其责任，则家必落；一国之人各各自放弃其责任，则国必亡；全世界之人各各自放弃其责任，则世界必毁。

梁启超：《梁启超选集》

❖◆❖◆❖◆❖◆❖◆❖◆❖◆❖◆❖◆❖

晏子曰："今夫车轮，山之直木也，良匠揉之，其圆中规，虽有槁暴，不复赢矣，故君子慎隐揉。和氏之璧，井里之困也。良工修之，则为存国之宝，故君子慎所修。今夫兰本，三年而成，湛之苦酒，则君子不近，庶人不佩；湛之麋醢，而贾匹马矣。非兰本美也，所湛然也。愿子之必求所湛。婴闻之，君子居必择邻，游必就士，择居所以求士，求士所以辟患也。"

晏婴：《晏子春秋·内篇杂上第五》

景公问晏子曰："人性有贤不肖，可学乎？"晏子对曰："诗云：'高山仰止，景行行止。'之者其人也。故诸侯并立，善而不怠者为长；列士并学，终善者为师。"

晏婴：《晏子春秋·内篇问下第四》

函车之兽，介而离心，网罟制之，吞舟之鱼，荡而失水，蝼蚁苦之，故鸟兽居欲其高，鱼鳖居欲其深，夫全其形生之人，藏其身也，亦不厌深渺而已。

王士元：《亢仓子·全道》

夫丘陵崇而穴成於上，狐狸藏矣，溪谷深而渊成於下，鱼鳖安矣，松柏茂而阴成於林，涂之人则阴矣。

程本：《子华子·孔子赠》

或曰："善恶皆性也，则法教何施？"曰："性虽善，待教而成；性虽恶，待法而消。"唯上智下愚不移，其次善恶交争，于是教扶其善法抑其恶。得施之九品，从教者半，畏刑者四分之三。其不移大数，力分之一也。一分之中，又有微移者矣。然则法教之于化民也，几尽之矣，及法教之失也。其为乱亦如之。

荀悦：《申鉴·杂言下第五》

自古明王圣帝，犹须勤学，况凡庶乎？此事遍于经史，吾亦不能郑重，聊举近世切要，以启寤汝耳。士大夫子弟，数岁以上，莫不被教，多者或至《礼》、《传》，少者不失《诗》、《论》。及至冠婚，体性稍定；因此天机，俗须训诱。有志尚者，遂能磨砺，以就素业；无履立者，自兹堕慢，便为凡人。人生在世，会当有业：农民则计量耕稼，商贾则讨论货贿，工巧则致精器用，伎艺则沉思法术，武夫则惯习弓马，文士则讲议经书。多见士大失耻涉农商，差务工伎，射则不能穿札，笔则才记姓名，饱食醉酒，忽忽无事，以此销日，以此终年。或因家世余绪，得一阶半级，便自为足，全忘修学；及有吉凶大事，议论得失，蒙然张口，如坐云雾；公私宴集，谈古赋诗，塞默低头，欠伸而已。有识旁观，代某入地。何惜数年勤学，长受一生愧辱哉？

颜之推：《颜氏家训·勉学》

夫学者，贵能博闻也。郡国山川，官位姓族，衣服饮食，器皿制度，皆欲寻根，得其原本。

颜之推：《颜氏家训·勉学》

古之学者为己，以补不足也；今之学者为人，但能说之也。古之学者为人，行道以利世也；今之学者为己，修身以求进也。夫学者犹种树也，春玩其华，秋登其实；讲论文章，春华也；修身利行，秋实也。

颜之推：《颜氏家训·勉学》

夫明《六经》之指，涉百家之书，纵不能增益德行，敦厉风俗，犹为一艺，得以自资。父兄不可常依，乡国不可常保，一旦流离，无人庇荫，当自求诸身耳。谚曰："积财千万，不如薄伎在身。"伎之易习而可贵者，无过读书也。世人不问愚智，皆欲识人之多，见事之广，而不肯读书，是犹求饱而懒营馔，欲暖而惰裁衣也。夫读书之人，自羲、农巳来，宇宙之下，凡识几人，凡见几事，生民之成败好恶，固不足论，天地所不能藏，鬼神所不能隐也。

颜之推：《颜氏家训·勉学》

义曰："夫教之以诗则出辞气斯远暴慢矣，约之以礼则动容貌斯立威严矣。度其言，察其志，考其行，辨其德，志定则发之以《春秋》，于是乎断而能变。德全则导之以乐，于是乎和而知节。可从事则达之以《书》，于是乎可以立制。知命则申之以易，于是乎可与尽性。若骤而语《春秋》，则荡志轻义，骤而语《乐》则玩神，是以圣人知其必然，故立之以宗，列之以次，先成诸己，然后备诸物；先济乎近，然后形乎远……"

王通：《文中子中说·立命篇》

子谓收曰："我未见欲仁好义而不得者也，如不得，斯无性者也。"

王通：《文中子中说·魏相篇》

立身成败，在于所染。兰芷鲍鱼，与之俱化。慎乎所习，不可不思。

吴竞：《贞观政要·论慎终第四十》

夫理道之先在乎行教化，教化之本在乎足衣食。《易》称聚人曰财。《洪范》八政，一曰食，二曰货。《管子》曰："仓廪实而知礼节，衣食足而知荣辱。"夫子曰："既富而教。"斯之谓矣。夫行教化在乎设职官，设职官在乎审官才，审官才在乎精选举，制礼以端其俗，立乐以和其心，此先哲王致治之大方也。故职官设然后知礼乐焉，教化隳然后用刑罚焉，列州郡俾分领焉，置边防遏遇戎敌焉。

杜佑：《通典》

遂告之曰：学校者，所以明道设教之地也。道非任人所独得，非有愚智、远迩，古今之间，学则至焉。不能以圣人之学立身，弃其身者也；不能以圣人之治治民，弃其民者也。弃身者殃，弃民者亡。故立身莫先于学，治民莫先于兴学。

揭傒斯：《揭傒斯全集·广州增城县学记》

目击世趋，方知治乱之关必在人心风俗，而所以转移人心，整顿风俗，则教化纪纲为不可阙矣。百年必世养之而不足，一朝一夕败之而有余。

顾炎武：《顾亭林诗文集·与人书九》

人君之于天下，不能以独治也。独治之而刑繁矣；众治之，而刑措矣。古之王者，不忍以刑穷天下之民也。是故一家之中，父兄治之；一族之间，宗子治之。其有不善之萌，莫不自化于闺门之内，而犹有不帅教者，然后归之士师。然则人君之所治者约矣，然后原父子之亲，立君臣之义，以权之意，论轻重之序慎，测浅深之显，以别之。悉其聪明，致其忠爱以尽之，夫然刑罚焉得而不中乎？是故宗法立而刑清，天下之宗子各治其族，以辅人君之治，罔攸兼于庶狱，而民自不犯于有司，风俗之醇，科条之简，有自来矣。诗曰："君之宗之。"吾是以知宗子之次于君道也。

顾炎武：《日知录·爱百姓故刑罚中》

三代之人才出于学校，近世之人才出于科目。科目之士，足未能如三代之学成而后入官，然未有不从学成出者，则近世之学校，固人才之渊薮，不可不重也。汉高帝谓："以马上得天下，安事诗书?"陆贾曰："以马上得之，岂可以马上治之!"高帝卒难以对。是故战乱以武，守成以文，不易之理也。

归庄：《归庄集·重修天长县学记》

天地贞观，日月代明，惟其有常，万古不倾。于穆不已，维天之命，降衷于民，是曰恒性。厥性维恒，学亦视此，日有孜孜，毙而后已。成汤目新，文王缉熙，学而不厌，是为仲尼。立志既定，持之以久，斯须有间，神气不守。迷不知往，有时改移，既识其途，夫又何疑？譬彼山林，前哲启之，坦坦康庄，小子履之。流沙、昆仑，程途万千，西辕不止，终造其巅。即不自力，或鼓或罢，中无驻足，不登即下。下将焉之？泥涂荒秽，邈矣云逵，呜呼不再！学已过时，毋或不勤，我兮自誓，敢告天君。

归庄：《归庄集·恒轩箴》

失教化之兴，非一世之事也，三代之哀，自公、卿、大夫以至甿、隶，皆知守道兴官，而以死生之际为甚轻者，先王教化入人之深，而万物皆有以立其命也。迁谪放流，人情所畏恶，毒肢体，滨死亡，士大夫之危辱莫甚焉！而明时台之以言事廷杖者接踵，而蹈之如归。盖高皇帝以廉耻礼谊为陶冶，士自居庠序之中，而己知上所以待之不苟矣。进而历于朝廷，益凛然上之所以相属，与己知所以自处者。故方其盛时，上下清明，几无一职不得其理。至于神宗之季，亦少贬矣，而士大夫之居清要，矜节行者，十常八九。虽不足以涪于三王之盛，而要岂汉、唐所能望哉？惜乎！神宗不能审察于邪正之间，如公类者，非惟不用其言，又显弃其身，而其后明政卒以党败也。

方苞：《方苞集·明御史马公文集序》

余游好中，资村可与学古而望其有立于德与言者，仅得数人，而几于成者益寡。其语人皆曰："吾为境困也，时相迫也。"而悔而自责，未尝不曰："志之不固焉。"夫功必有所得而后成，若德与言，则根于心达于学而与时偕行者也，何境之能夺哉！

方苞：《方苞集·赠李立候序》

君子之学，所以复其性也。三才万物之理，生而备之，而古圣贤人所以致知力行以尽其性者，具有遗径。循而达之，其知与力，可以无所不极。然其事不越人伦习用之常，非若横索而履之，与以足运瓮于高空之危且艰也，而有志于斯者则鲜焉。盖谓是非有利于己之私，而无可歆羡焉耳。

方苞：《方苞集·壬子七月示道希》

寄鱼封鲊，千古艳称。刘球之弟玭，令莆田，寄球一夏布。球即日封还，贻书戒之曰："守清白以光前人，他非所望子弟者。"又新城耿华平之母徐氏寄子诗云："家内平安报汝知，田园岁入有余资。丝毫不用南中物，好做清官答圣时。"家教之正，古人不得专美于前矣。

梁绍壬：《两般秋雨庵随笔·家教》

凡岁时讲律令，讲乡约，官府所不能尽达者，士则因而宣之。使百姓知何者为正道，何者为邪教，又知正道之必可致福，而邪教之徒为取祸。其从者则告于富而奖励之，否则告于官而纠饬之。岂独邪教立绝，将六德，六行，六艺，皆由此兴，虽至刑措不难。

黄爵滋：《黄少司寇奏疏》

要除去人生毫无意义的痛苦，要除去制造并赏玩别人苦痛的昏迷和强暴。

鲁迅：《鲁迅全集·我之节烈观》

人的生活像是蠕动于奋斗力极弱，抵抗力极微的生活线上，并由此而生出一种静态的心理，庶使人难以容忍侮辱而与宇宙相调和。它也能够发展一种抵抗的机谋，它的性质或许比较侵略更为可怕。

林语堂：《吾国吾民》

今阳子在位，不为不久矣。闻天下之得失，不为不熟矣。天子待之，不为不加矣。而未尝一言及于政。视政之得失，若越人视秦人之肥瘠，忽焉不加喜戚于其心。问其官，则曰谏议也。问其禄，则曰下大夫之秩也。问其政，则曰我不知也。有道之士，固如是乎哉。且吾闻之；有官守者，不得其职则去，有言责者，不得其言则去。

韩愈：《韩昌黎文集·争臣论》

愈曰：自古圣人贤士，皆非有求于闻用也。闵其时之不平，人之不义，得其道，不敢独善其身，而必以兼济天下也。孜孜矻矻，死而后已。

韩愈：《韩昌黎文集·争臣论》

夫天授人以贤圣才能，岂使自有余而已，诚欲以补其不足者也。耳目之于身也，耳司闻而目司见。听其是非，视其险易，然后身得安焉。圣贤者，时人之耳目也。时人者，圣贤之身也。

韩愈：《韩昌黎文集·争臣论》

余少之时，将求多能，蚤夜以孜孜，余少之时，既饱而嬉，蚤夜以无为。呜呼余乎，其无知乎？君子之弃，而小人之归乎？

韩愈：《韩昌黎文集·游箴》

业精于勤，荒于嬉。行成于思，毁于惰。

韩愈：《韩昌黎文集·进学解》

善行无辙迹，善言无瑕谪，善计不容策筹，善行无关键而不可开。是圣人尝善救人，故无弃人；善救物，故无弃物。

高濂：《清修妙论》

盖有自受命治水之禹，承命教稼之稷，自然当任己饥己溺之事，救焚拯溺之忧，我辈安能代大匠斫哉！我辈惟是各亲其亲，各友其友。各自有亲友，各自相告诉，各各尽心量力相救助。

李贽：《焚书·答周柳塘》

夫惟真实敏事之人，岂但言不敢出，食不知饱，居不知安而已，自然奔走四方，求有道以就正。有道者，好学而自有得，大事到手之人也。此事虽大，而路径万千，有顿入者，有渐入者。渐者虽迂远费力，犹可望以深造；若北行而南其辙，入海而上太行，则何益矣！此事犹可，但无益耳，未有害也。苟一入邪途，岂非求益反损，所谓"非徒无益而又害之"者乎？是以不敢不就正也。如此就正，方谓好学，方能得道，方是大事到手，方谓不负时敏之勤矣。

李贽：《焚书·复京中友朋》

君子何为而仕于人哉？天生一物，即所以生万物之理。故一人之身，万物之理无不备焉。万物之理备于一人。举凡天下之人，见天下之有饥寒疾苦者必哀之；见天下之冤抑沉郁不得其平者必为忿之。哀之忿之，情不能己，仕之所由来也。然君子居穷，应一身一家其事易；及应举人官，事为胶噧，人为奸欺，日临于前而不能操吾明且刚者以应之，谓能应事之善焉，不可也。且身当利害得失丧之冲，始于执义，终于舍义随俗。宾客之怂恿，室人之交谪，始于为人，终于舍人为己。初仕，良心扩充之未能，私心之牿丧，而可哀可忿之在民者，与我不相关矣。吁！仕云乎哉！

海瑞：《海瑞集·淳安县政事序》

民主之国，其用人行政，可以集思广益，曲顺舆情；为君者不能以一人肆于民上，而纵其无等之欲，即其将相诸大臣，亦皆今日为官，明日即可为民，不敢有恃势凌人之意。此合于孟子"民为贵"之说，政之所以公而溥也。

薛福成：《出使日记续刻》

夫建大功于天下者，必先修于闺门之内。垂大名于万世者，必先行之于纤微之事，是以伊尹负鼎，居于有莘之野，修达德于草庐之下。躬执农夫之作，意怀帝王之道；身在衡门之里，志图八极之表。故释负鼎之志，为天子之佑，克夏立商，诛逆征暴，除天下之患，辟残贼之类，然后海内治，百姓宁。

陆贾：《新语·慎微第六》

夫君子之行，静以修身，俭以养德，非淡泊无以明志，非宁静无以致远。夫学须静也，才须学也，非学无以广才，非志无以成学，淫慢则不能励精，险躁则不能治性。年与时驰，意与日去，遂成枯落，多不接世，悲守穷庐，将复何及！

诸葛亮：《诫子书》

《易》有渐卦，道有渐门。人之修真达性，不能顿悟，必须渐而进之，安而行之。故设渐门观我所入，则道可见矣。渐有五门。一曰斋戒，二曰安处，三曰存想，四曰坐志，五曰神解。何谓斋戒？曰澡身虚心；何谓安处？曰深居静室；何谓存想？曰收心复性；何谓坐志？曰遗形忘我；何谓神解？曰万法通神。

《天隐子·渐门》

白日依山尽，黄河入海流。
欲穷千里目，更上一层楼。

王之涣：《登鹳雀楼》

劝君莫惜金缕衣，劝君惜取少年时。花开堪折直须折，莫待无花空折枝。

杜秋娘：《金缕衣》

良能良知，皆无所由，乃出于天，不系于人。

德性谓天赋天资，才之美者也。凡立言欲涵蓄意思；不使知德者厌，无德者惑。凡省外之事，但明乎善，惟进诚心，其文章虽不中不远矣。所守不约，泛滥无功。

程颐、程颢：《二程集·遗书》

人量随时长，亦有人识高而量不长者，是识实未至也。大凡别事人都强得，惟识量不可强。今人有斗筲之量，有釜斛之量，有钟鼎之量，有江河之量。江河之量亦大矣，然有涯，有涯亦有时而满，惟天地之量则无满。故圣人者，天地之量也。圣人之量，道也。常人之有量者，天资也。天资有量者，须有限。大抵六尺之躯，力量只如此，虽欲不满，不可得。且如人有得一荐而满者，有得一官而满者，有入两府而满者，满虽有先后，然卒不免。譬如器盛物，初满时尚可以蔽护，更满则必出。此天资之量，非知道者也。

程颐、程颢：《二程集·遗书卷十八》

一双璞玉禀天和，远向东州就琢磨。

待得永无痕锲相，莫言功用不须多。

叶适：《叶适集·送黄严二秀才》

知人无法而知德有法，岂惟知德有法，而教德有方也。天德虽偏，必以人德补之；天德非异能，补之以人，则皆异能也，合而听之，天下之材不可胜尽也。

叶适：《习学记言序目·尚书》

　　盖闻民生于勤，勤至则大劳自息。礼成于俭，仁行而至美宜章。翕终年于一日，可以千秋。析百物于微端，遂谐万事。是以闵鸿雁之悲歌，必覃思于究宅。奠竹松之燕寝，遂永奠于攸芋。

王船山：《王船山诗文集·连珠有赠》

生活与乐趣

凡食之道：大充，伤而形不臧；大摄，骨枯而血沍。充摄之间，此谓和成，精之所舍，而知之所生。饥饱之失度，乃为之图。饱则疾动，饥则广思，老则长虑。饱不疾动，气不通于四末；饥不广思，饱而不废；老不长虑，困乃速竭。

管仲：《管子·内业第四十九》

人之可杀，以其恶死也；其可不利，以其好利也。是以君子不休乎好，不迫乎恶，恬愉无为，去智与故：其应也，非所设也；其动也，非所取也。过在自用，罪在变化。是故有道之君子，其处也若无知，其应物也若偶之。静因之道也。

管仲：《管子·心术上第三十六》

古之饮酒也，足以通气合好而已矣。故男不群乐以妨事，女不群乐以妨功。男女群乐者，围觞五献，过之者诛。

晏婴：《晏子春秋·内篇第一》

子欲居九夷。或曰："陋，如之何？"子曰："君子居之，何陋之有？"

孔子：《论语·子竿第九》

子之燕居，申申如也，夭夭如也。

孔子：《论语·述而第七》

子曰："饭疏食，饮水，曲肱而枕之，乐亦在其中矣。不义而富且贵，于我如浮云。"

孔子：《论语·述而第七》

古者圣王为猛禽狡兽暴人害民，于是教民以兵行日带剑，为刺则入，击则断，旁击而不折，此剑之利也。甲为衣，则轻且利，动则弁且从，此甲之利也。车为服重致远，乘之则安，引之则利；安以不伤人，利以速至。

此车三利也。古者圣王为大川广谷之不可济，于是利为舟辑，足以将之，则止。虽上者三公、诸侯至，舟楫不易，津人不饰。此舟之利也。

墨翟：《墨子·节用中》

古者人之始生，未有宫室之时，因陵丘堀穴而处焉。圣王虑之，以为堀穴曰；冬可以辟风寒，逮夏，下润湿，上熏烝，恐伤民之气，于是作为宫室而利。然则为宫室之法将奈何哉？子墨子言曰："其旁可以圉风寒，上可以圉雪霜雨露，其中蠲洁可以祭祀，宫墙足以为男女之别，则止。"

墨翟：《墨子·节用中》

　　饥者甘食，渴者甘饮，是未得饮食之正也，饥渴害之也。岂惟口腹有饥渴之害？人心亦皆有害。人能无以饥渴之害为心害，则不及人不为忧矣。

孟子：《孟子·尽心上》

　　饮食之人，则人贱之矣，为其养小以失大也。饮食之人无有失也，则口腹岂适为尺寸之肤哉？

孟子：《孟子·告子上》

　　君子有三乐，而王天下不与存焉。父母俱存，兄弟无故，一乐也；仰不愧于天，俯不怍于人，二乐也；得天下英才而教育之，三乐也。君子有三乐，而王天下不与存焉。

孟子：《孟子·尽心上》

　　主人亲速宾及介，而众宾皆从之，至于门外，主人拜宾及介，而众宾皆入，贵贱之义别矣。三揖至于阶，三让以宾升，拜至，献酬，辞让之节繁。及介省矣。至于众宾，升受，坐祭，立饮，不酢而降。隆杀之义辨矣。工入，升歌三终，主人献之；笙入三终，主人献之；间歌三终，合乐三终，工告乐备，遂出。二入场觯，乃立司正。焉知其能和乐而不流也。宾酬主人，主人酬介，介酬众宾，少长以齿，终于沃洗者。焉知其能弟长而无遗也。降、说履升坐，修爵无数。饮酒之节，朝不废朝，莫不废夕。宾出，主人拜送，节文终遂。焉知其所安燕而不乱也。贵贱明，隆杀辨，和乐而不流，弟长而无遗，安燕而不乱。

荀况：《荀子·乐论》

天有大命，人有大命。夫香美脆味，厚酒肥肉，甘口而疾形，曼理皓齿，说情而捐精。故去甚去泰，身乃无害。

《韩非子·杨权》

夫酒之设，合礼致情，适体归性，礼终而退，此和之至也。主意未殚，宾有余倦，可以至醉，无致迷乱。

诸葛亮：《诫子书》

孔子曰："奢则不逊，俭则固；与其不逊也，宁固。"又云："如有周公之才美，使骄且吝，其余不足观也。"然则可俭而不可吝已。俭者，省约为礼之谓也；吝者，穷急不恤之谓也。今有施则奢，俭则吝，如能施而不奢，俭而不吝，可矣。

颜之推：《颜氏家训·治家》

生民之本，要当稼穑而食，桑麻以衣。蔬果之畜，园场之所产；鸡豚之善，埘圈之所生。爰及栋宇器械，樵苏脂烛，莫非种植之物也。至能守其业者，闭门而为生之具以足，但家无盐井耳。今北土风俗，率能躬俭节用，以赡衣食；江南奢侈，多不逮焉。

颜之推：《颜氏家训·治家》

天地鬼神之道，皆恶满盈。谦虚冲损，可以免害，人生衣趣以覆寒露，食趣以塞饥乏耳。形骸之内，尚不得奢靡。己身之外，而欲穷骄泰邪？周穆王、秦始皇、汉武帝，富有四海，贵为天子。不知纪极，犹自败累，况士庶乎？常以二十口家，奴婢盛多，不可出二十人，良田十顷，堂室才避风雨，车马仅代杖策，蓄财数万，以拟吉凶急速，不啻此者，以义散之，不至此者，勿非道求之。

颜之推：《颜氏家训·止足》

子闲居，俨然其动也。徐若有所虑。其行也方，若有所畏。其接长者恭恭然如不足，接幼者温温然如有就。子之服俭以洁无长物焉，绮罗锦绣不入于室，曰：君子非黄白不衍，妇人则有青碧。子寡实天贰馔，食必去生味，必适，果菜非其时不食，曰：非天道也。非其士不食，曰：非地道也。

王通：《文中子中说·子君篇》

杨素谓子曰："甚矣，古之为衣冠裳履，何朴而非便也。"

子曰："先王法服不其深乎！为冠所以庄其首也。为履所以重其足也，衣裳襜如，剑佩锵如，皆所以防其躁也……"

王通：《文中子中说·周公篇》

曰：道可受兮，而不可传；其小无内兮，其大无垠；无滑而魂兮，彼将自然；壹气孔神兮，于中夜存。虚以待之兮，无为之先；庶类以成兮，此德之门。

屈原：《楚辞·远游》

外若著相，内心即乱，外若离相，心性不乱。本性自净自定。只缘触境，触即乱，离相不乱即定。外离相即禅，内不乱即定，外禅内定，故名禅定。

慧能：《坛经·一九》

自性心地，以智惠观照，内外明澈，识自本心。若识本心，即是解脱，既得解脱，即是般若三昧。悟般若三昧，即是无念。何名无念？无念法者，见一切法，不著一切法，遍一切处，不著一切处。常净自性，使六贼从六门走出，于六尘中不离不染，来去自由，即是般若三昧，自在解脱，名无念行。

慧能：《坛经·三一》

人我是须弥，邪心是海水，烦恼是波浪，毒害是恶龙，尘芳是鱼鳖。虚妄即是神鬼，三毒即是地狱，愚痴即是畜生。十善是天堂。无人我，须弥自倒；除邪心，海水竭；烦恼无，波浪灭；毒害除，鱼龙绝。自心地上觉性如来放大光明，外照六门清净能破六欲诸天下。三毒即除，地狱一时消灭，内外明细，不异西方。

慧能：《坛经·三五》

邪来因烦恼，正来烦恼除，邪正疾不用，清净至无余。菩提本清净，起心即是妄，净性在妄中，但只除三障。世间若修道，一切尽不妨，常现在已过，与道即相当。

慧能：《坛经·三六》

吾常愿一切世人，心地常自开佛知见，莫开众生知见，世人心邪。愚迷造恶，自开众生知见；世人心正，起智惠观照，自开佛知见。莫开众生知见，开佛知见即出世。

慧能：《坛经·四二》

茶。香叶，嫩芽。慕诗客，爱憎家。碾雕白玉，罗织红纱。铫煎黄蕊色，婉转菊尘花。夜后邀陪明月，晨前命对朝霞。洗尽古今人不倦，将知醉后岂堪夸。

元稹：《元稹集·外集》

学者贵卓然自立，尤贵奋发有为。只一个待字，断送了古来多少人，故因循最是害事。有待而兴，便是凡民。凡民自甘为凡民，非天有以限之。无待而兴即为豪杰，豪杰自为豪杰，非人有以助之。

张伯行：《困学录集粹》

先生不知何许人也，亦不详其姓字，宅边有五柳树，因以为号焉。闲静少言，不慕荣利。好读书，不求甚解，每有会意，便欣然忘食。性嗜酒，家贫不能常得。亲旧知其如此，或置酒而招之。造饮辄尽，期在必醉，既醉而退，曾不吝情去留。环堵萧然，不蔽风日，短褐穿结，箪瓢屡空，晏如也。常著文章自娱，颇示己志。忘怀得失，以此自终。赞曰：黔娄之妻有言：不戚戚于贫贱，不汲汲于富贵。味其言，兹若人之俦乎？衔觞赋诗，以乐其志。无怀氏之民欤？葛天氏之民欤？

陶渊明：《五柳先生传》

少学琴书，偶爱闲静，开卷有得，便欣然忘食。常言五六月中北窗下卧，遇凉风暂至，自谓是羲皇上人。意浅识罕，谓斯言可保。日月遂往，机巧好疏，缅求在者，眇然如何！

陶渊明：《与子俨等疏》

夫天地者，万物之逆旅也；光阴者，百代之过客也。而浮生若梦，为欢几何？古人秉烛夜游，良有以也。况阳春召我以烟景，大块假我以文章。会桃花之芳园，序天伦之乐事。群季俊秀，皆为惠连；吾人咏歌，独惭康乐。幽赏未已。高谈转清。开琼筵以坐花，飞羽觞而醉月。不有佳咏，何伸雅怀。如诗不成，罚依金谷酒数。

> 李白：《李太白全集》

吾庐却近江鸥住，更几个好事农父。对青山枕上诗成。一阵沙头风雨。酒旗只隔横塘，自过小桥沽去。尽疏狂不怕人嫌，是我生平喜处。

> 刘敏中：《中庵集·村居迁兴》

今朝有酒今朝醉，且尽樽前有限杯。回头沧海又尘飞。日月疾，白发故人稀。

不因酒困因诗困，常被吟魂恼断魂。四时风月一闲身。无用人，诗酒乐天真。

> 白朴：《喜来春·知几》

昼闲人寂，听数声鸟语悠扬，不觉耳根尽彻；夜静天高，看一片云光舒卷，顿令眼界俱空。

> 洪应明：《菜根谭》

从静中观物动，向闲处看人忙，才得超尘脱俗的趣味；遇忙处会偷闲，处闹中能取静，便是安身立命的工夫。持身如泰山九凝然不动，则愆尤自少；应事若流水落花悠然而逝，则趣味常多。乐意相关禽对语，生香不断树交花，此是无彼无此得真机。野色更无山隔断，天光常与水相连，此是彻上彻下得真境。吾人时时以此景象注之心目，何患心思不活泼，气象不宽平？千载奇逢，无如好书良友；一生清福，只在碗茗炉烟。

洪应明：《菜根谭》

日用之间，漫无事事，或出人闹阓，或应接宾客，或散步回廊，或静窥书册，或谈论无根，或思想已往未来，或料理药饵，或择衣拣饮，或诟童仆，或指饔飨，恁地揾排，莫可适莫。自谓颇无大过，杜门守拙，祸亦无生。及夫时移境改，一朝患作，追原所自，乌坐前日无事甲里。如前日妄起一念，此一念便下种子；前日误读一书，此一书便成附会。推此以往，不可胜数，故君子不以闲居而肆恶，不以造次而违仁。

黄宗羲：《黄宗羲全集·子刘子学言》

岁月如流，年齿渐迈，读书学道，日不暇给。吟咏一事，费白日，耗心神不少。今纵不能成，惟是陶写襟怀，披陈情愫，不妨有作；至于无益之应酬，不情之篇什，则概从谢绝。

归庄：《归庄集·谢寿诗说》

自念去年发比兴而不得遂，今既历三州具看遍三十余家之花，不可谓非乐事！但昔人称牡丹为富贵花，游赏者必香车宝马，艳姬妖童，十干沽酒，一石亦醉，乃为官称；余今或徒步，或乘一叶舟，倩友人家三尺童相随，虽所至不泛酒，顾病后不能多饮，穷偶看花，景象如此，然意兴则不减也。且必待富贵之具而后恣其游赏，岂可得哉！

归庄：《归庄集·看牡丹记》

尝读仲长统《乐志论》、庾信《小园赋》,白居易《池上篇》,皆有花果竹木之娱,而李卫公之记平泉草木,尤为侈丽,然此布衣之士,生当乱世,欲求如是,殆不可得。吾则惟办一杖一屣,举天下之名园皆可到,到则其中之嘉花美木,皆我有也,岂必有我自有之园,自植之花木,始足娱赏哉!即陶隐居之松,王子猷之竹,林和靖之梅,皆取必园宅所有,似非能去物我之见者;何如舍三楹,庭无一茎草,而他人之苑圃卉木,我皆得而乐之也。

归庄:《归庄集·寻菊记》

将进酒,肠润欲枯时。自觉老来佳趣少,屈将花月助新词。聊得付乌丝。词已就,有酒正盈挥。兴浅未须愁庾亮,还将啸咏列诸公。忘拙便为工。

刘熙载:《刘熙载论艺六种·望江梅》

人生谁缺荣期乐,乐中住久浑忘却。无事惹闲愁,闲愁何日休!四时佳兴足,都是吾人福。雪月更风花,天公与已奢。

刘熙载:《刘熙载论艺六种·自适》

日有粗疏茶饭,夜得朦胧合眼,黄荠赛进,赛过珍馐馔。薄絮残,何曾觉被单!此中况味,况味经都惯,供养形骸总没干。无难,无难透没关,从看,从看真个安。

也有十分通透,也有终年一愁,两般犹乐,一任人消受。不少留,今朝便可休。待将他日、他日还婵骒,争忍樽前不唱酬!优游,优游无尽头;营谋,营谋何所求!

刘熙载:《刘熙载论艺六种·山坡羊二阙》

君子乐道，乐以忘忧；小人全躯，悦以忘罪，窃自思念，过已久矣，行已专矣，长为农夫，以没也矣。是故身率妻子，戮力耕桑，灌田治产，以给公上，不意当复用此为讥议也。田家作苦，岁时伏腊，烹羊炮羔，斗酒自劳。家本秦地，能为秦声，妇赵女也，雅善鼓瑟，奴婢歌者数人，酒后耳热，仰天击缶而呼呜，其诗曰："田彼南山，芜秽不治，种豆一顷，落而为萁，人生行乐耳，须富贵何时。"是日也，拂衣而喜，奋袖低昂，顿足起舞，诚淫荒无度，不知其不可也。

杨恽：《报孙会宗书》

与众乐之之谓乐，乐而不失其正，又乐之尤也。

韩愈：《韩昌黎文集·上巳日燕太学听弹琴诗序》

科诨之妙，在于近谷，而所忌者，又在于太俗。不俗则类腐儒之谈，太俗即非文人之笔。

李渔：《闪情偶寄·科诨第五》

科诨虽不少，然非有意为之。如必欲于某折之中，插入某科诨一段，或预设某科诨一段，插入某折之中，则是觅妓追欢，寻人卖笑，其为笑也不真，其为乐也，亦甚苦矣。妙在水到渠成，天机自露。我本无心说笑话，谁知笑话逼人来，斯为科诨之妙境耳。

李渔：《闲情偶寄·科诨第五》

诙谐词语必须本也风光，方可解颐喷饭。有笔客生一子，半硕肥满，或戏是曰："羊毫兔毫，加工选料，此家用货，非比卖门市者，安得不佳？"又有书各举子，酷似乃翁，一人熟视士曰："原板初印，神气一线不走，共非翻刻赝本，盖可知也。"又有一厨司举一子，形貌甚里，人曰："此非岩火烟煤土气，即是油盐酱醋之精也。"闻者绝倒。

梁绍壬：《两般秋雨禽随笔·诙谐本色》

偶因放逐得安闲，总计平生仕隐间。老不废书聊识字，贫犹筑屋为看山。芒鞋竹杖常行乐，社洒村歌一破颜。愿祝太平今日始，近来朝报满人寰。

翁同龢：《瓶庐诗稿》

❖——————————❖

夫禀气含灵，惟人为贵，人所贵者，盖贵为生，生者神之本，形者神之具，神大用则竭，形大劳则毙。若能游心虚静，息虑无为，候元气于子后，时导引于闲室，摄养无亏，兼饵良药，则百年耆寿，是常分也。如恣意以耽声色，役智而图富贵，得丧恒切于怀，躁挠未能自遣，不拘礼度，饮食无节，如斯之流，宁免夭伤之患也。

《全唐文·孙思邈·养性延命录序》

酒杯浓，一葫芦春色醉山翁，一葫芦酒压花梢重。随我奚童，葫芦干，兴不穷，谁人共？一带青山送，乘风列子，列子乘风。

卢挚：《疏斋集·失题》

凡世家子第衣食起居，无一不与寒士相同，庶可以成大器者；若沾染富恶气习，则难望有成。

曾国藩：《曾国藩全集》

家中外须讲求莳蔬，内须讲求晒小菜，此足验人家之兴衰，不可忽也。

曾国藩：《曾国藩全集》

尔胆怯等症由于阴亏，朱子所谓气清者魄恒弱。若能善晓酣眠，则此症自去矣。

曾国藩：《曾国藩全集》

养生无甚可恃之法，其确有益者：曰每夜洗脚，曰饭后千步，曰黎明吃白饭一碗不沾占菜，曰射有常时，曰静坐有常时。

曾国藩：《曾国藩全集》

然苟趋重实业，分工交易，彼有余衣耳以为吾衣，吾有余食可以为彼食，各得丰衣足食，以乐天年，岂不善乎？此身体之快乐也。然但得身体快乐，未可谓满足，因身体要死也。故尚需求精神之快乐。有身体快乐而精神苦者，似快实苦，终为愚人而已矣。然则精神之快乐如何？曰：亦在求高尚学问而已。许多学问道理考究不尽，加力研究，发现一种新理，常有非常之快乐。

蔡元培：《蔡元培教育论集》

吾人固不可不有一种普遍职业，以应利用厚生的需要，而于工作的余暇，又不可不读文学，听音乐，参加美术馆，以谋知识与感情的调和。这样，才算是认识了人生和价值了。

蔡元培：《蔡元培美学文选》

我们不能有张而没有弛，就不能有工作而没有娱乐；也就不能有科学与工艺而没有美术。

蔡元培：《蔡元培教育论集》

　　诗横胸际眠如魇，月迫床前警若神。真怕打门租未了，颇嫌闭户相能贫。微吟渐有虫飞和，别室难将鹤怨伸。敢外先生求印可，尚从新得诱逡巡。

林旭：《晚翠轩集·和两先生讽早睡之作》

　　游玩在一种意义是增益的生活的准备，一个人要停止了他的游玩的兴趣，他便要老的快，以至于死。

李大钊：《李大钊选集》

活着的修养

道德与善恶

国有四维，一维绝则倾，二维绝则危，三维绝则覆，四维绝则灭。倾可正也，危可安也，覆可起也，灭不可复错也。何谓四维？一曰礼，二曰义，三曰廉，四曰耻。礼不逾节，义不自进，廉不蔽恶，耻不从枉。礼不逾节则上位安，不自进则民无巧诈，不蔽恶则行自全，不从枉则邪事不生。

管仲：《管子·牧民第一》

虚而无形谓之道，化育万物谓之德，君臣父子人间之事谓之义，登降揖让、贵贱有等、亲疏之体谓之礼，简物，小大一道，杀戮禁诛谓之法。

管仲：《管子·心术上第三十六》

山高而不崩，则祈羊至矣；渊深而不涸，则沈玉极矣。天不变其常，地不易其则，春秋冬夏不更其节，古今一也。蛇龙得水，而神可立也；虎豹得幽，而成可载也。风雨无乡，而怨怒不及也。贵有以行令，贱有以忘卑，寿夭贫富，无徒归也。

管仲：《管子·形势第二》

为善者，非善也。故善无以为也。故先王贵善。

管仲：《管子·枢言第十二》

邪气入内，正色乃衰。

管仲：《管子·形势第二》

君子之大义，和调而不缘，溪盎而不苛，庄敬而不狡，和柔而不铨，刻廉而不刿，行精而不以明污，齐尚而不以遗罢，富贵不傲物，贫穷不易行，尊贤而不退不肖。此君子之大义也。

晏婴：《晏子春秋·内篇问下篇四》

邪人则不然，用于上则虐民，行于下由逆上；事君苟进不道忠，交友苟合不道行；持谀巧以正禄，比奸邪以厚养；矜爵禄以临人，夸礼貌以华世；不任于上则轻议，不笃于友则好诽。故用于上则民忧，行于下则君危，是以其事君近于罪，其交友近于患，其得上辟于辱，其为生债于刑，故用乎上则诛，行于下则弑。是故交通则辱，生患则危，此邪人之行也。

晏婴：《晏子春秋集释·内篇问下第四》

子谓子产，"有君子之道四焉：其行己也恭，其事上也敬，其养民也惠，其使民也义。"

孔子：《论语·公冶长第五》

子曰："君子义以为质，礼以行之，孙以出之，信以成之。君子哉！"

孔子：《论语·卫灵公第十五》

子曰："君子谋道不谋食。耕也，馁在其中矣；学也，禄在其中矣。君子忧道不忧贫。"

孔子：《论语·卫灵公第十五》

子张问仁于孔子。孔子曰："能行五者于天下，为仁矣。"请问之。曰："恭、宽、信、敏、惠。恭则不侮，宽则得众，信则人任焉，敏则有功，惠则足以使人。"

孔子：《论语·阳货第十七》

子曰："我未见好仁者，恶不仁者。好仁者，无以尚之；恶不仁者，其为仁矣，不使不仁者加乎其身。有能一日用其力于仁矣乎？我未见力不足者。盖有之矣，我未之见也。"

孔子：《论语·里仁第四》

孔子曰："见善如不及，见不善如探汤。吾见其人矣，吾闻其语矣。"

孔子：《论语·季氏第十六》

子曰："非其鬼而祭之，谄也。见义不为，无勇也。"

孔子：《论语·为政第二》

子曰："君子喻于义，小人喻于利。"

孔子：《论语·里仁第四》

夫礼者所以定亲疏，决嫌疑，别同异，明是非也。礼，不妄说人，不辞费。礼，不逾节，不侵侮，不好狎。修身践言，谓之善行。行修言道，礼之质也。礼闻取于人，不闻取人，礼闻来学，不闻往教。道德仁义，非礼不成，教训正俗，非礼不备。纷争辩讼，非礼不决。君臣上下父子兄弟，非礼不定。宦学事师，非礼不亲。班朝治军，莅官行法，非礼威严不行，祷祠祭祀，供给鬼神，非礼不诚不庄。是以君子恭敬尊节退让以明礼。

戴圣：《礼记·曲礼上》

礼有大有小，有显有微。大者不可损，小者不可益，显者不可掩，微者不可大也。故经礼三百，曲礼三千，其致一也。未有入室而不由户者。君子之于礼也，有所竭情尽慎，致其敬而诚若，有美而文而诚若。君子之于礼也，有直而行也，有曲而杀也，有经而等也，有顺而讨也，有惭而播也，有推而进也，有放而文也……

戴圣：《礼记·礼器》

襄公有疾，召顷公而告之，曰："必善晋周，将得晋国。其行也文，能文则得天地。天地所胙，小而后国。夫敬，文之恭也；忠，文之实也；信，文之孚也；仁，文之爱也；义，文之制也；智，文之兴也；勇，文之帅也；教，文之施也；孝，文之本也；惠，文之慈也；让，文之材也。象天能敬，帅意能忠，思身能信，爱人能仁，利制能义，事建能智，帅义能勇，施辩能教，昭神能孝，慈和能惠，推敌能让。此十一者，夫子皆有焉。

《国语卷二·周语中》

子西曰："德其忘怨乎！余善之，夫乃其宁。"子高曰："不然。吾闻之，唯仁者可好也，可恶也，可高也，可下也。好之不福，恶之不怨，高之不骄，下之不惧。不仁者则不然。人好之则福，恶之则怨，高之则骄，下之则惧。骄有欲焉，欲恶怨福，所以生诈谋也。子将若何？若召而下之，将戚而惧；为之上者，将怒而怨。诈谋之心，无所靖矣。有一不义，犹败国家，今壹五六，而必欲用之，不亦难乎？吾闻国家将败，必用奸人，而嗜其疾味，其子之谓乎？"

《国语·楚语下》

是故君子先慎乎德。有德此有人，有人此有土，有土此有财，有财此有用。德者本也，财者末也。

曾子：《大学》

子曰：舜其大孝也与！德为圣人，尊为天子，富有四海之内。宗庙飨之，子孙保之。故大德，必得其位，必得其禄，必得其名，必得其寿。故天之生物，必因其材而笃焉。故栽者培之，倾者覆之。

子思：《中庸》

上有好者，下必有甚焉者矣。君子之德，风也；小人之德，草也。草尚之风，必偃。

孟子：《孟子·滕文公上》

取诸人以为善，是与人为善者也。故君子莫大乎与人为善。

孟子：《孟子·公孙丑章句上》

以善服人者，未有能服人者也，以善养人，然后能服天下。

～ 075 ～

天下不心服而王者，未之有也。

孟子：《孟子·离娄下》

鱼，我所欲也，熊掌亦我所欲也；二者不可得兼，舍鱼而取熊掌者也。生亦我所欲也，义亦我所欲也；二者不可得兼，舍生而取义者也。生亦我所欲，所欲有甚于生者，故不为苟得也；死亦我所恶，所恶有甚于死者，故患有所不辟也。如使人之所欲莫甚于生，则凡可以得生者，何不用也？使人之所恶莫甚于死者，则凡可以避患者，何不为也？由是则生而有不用也，由是则可以辟患而有不为也，是故所欲有甚于生者，所恶有甚于死者。

孟子：《孟子·告子上》

伊尹耕于有莘之野，而乐尧舜之道焉。非其义也，非其道也，禄之以天下，弗顾也；系马千驷，弗视也。非其义也，非其道也，一介不以与人，一介不以取诸人。汤使人以币聘之，嚣嚣然曰："我何以汤之聘币为哉？我岂若处畎亩之中，由是以乐尧舜之道哉？"

孟子：《孟子·万章上》

道固不小行，德固不小识。小识伤德，小行伤道。故曰正己而已矣。乐全之，谓得志。

庄周：《庄子·缮性》

夫德，和也；道，理也。德无不容，仁也；道无不理，义也；义明而物亲，忠也；中纯实而反乎情，乐也；信行容体而顺乎文，礼也。礼乐遍行，则天下乱矣。

庄周：《庄子·缮性》

才多而好谦，贫贱而不谄，处劳而不为辱，贵富而益恭勤，可谓有德者。

王士元：《亢仓子·政道》

士君子之所能不能为：君子能为可贵。不能使人必贵己；能为可信，不能使人必信己；能为可用，不能使人必用己。故君子耻不修，不耻见污；耻不信，不耻不见信；耻不能，不耻不见用。是以不诱于誉，不恐于诽，率道而行，端然正己，不为物倾侧，夫是之谓诚君子。

荀况：《荀子·非二十子》

凡古今天下之所谓善者，正理平治也；所谓恶者，偏险悖乱也。是善恶之分也已。

荀况：《荀子·性恶》

昔者瓠巴鼓瑟而流鱼出听，伯牙鼓琴而六马仰秣。故声无小而不闻，行无隐而不形。玉在山而草木润，渊生珠而崖不枯。为善不积邪，安有不闻者乎？

荀况：《荀子·劝学》

曾子曰："元，志之！吾语汝。夫鱼鳖鼋鼍犹以渊为浅而堀其中，鹰鸢犹以山为卑而增巢其上，及其得也必以饵。故君子苟能无以利害义，则耻辱亦无由至矣。

荀况：《荀子·法行》

立天之道，曰阴与阳；立地之道，曰柔与刚；立人之道，曰仁与义。阴阳以统其精气，刚柔以品其群形，仁义以经其事业，是为道也。故凡政之大经，法教而已矣。教者，阳之化也；法者，阴之符也；仁也者，慈此者也；义也者，宜此者也；礼也者，履此者也；信也者，守此者也，智也者，知此者也。是故好恶以章之，喜怒以莅之。哀乐以恤之。若乃二端不愆，五德不离，六节不悖，则三才允序，五事交备，百工惟奋，庶绩咸熙。

荀悦：《申鉴·政体第一》

君子防未然，不处嫌疑间。瓜田不纳履，李下不正冠。叔嫂不亲授，长幼不比肩。劳谦得其柄，和光甚独难。周公下白屋，吐哺不及餐，一沐三握发，后世称圣贤。

颜延年：《文选·君子行》

圣人之所以立天下，曰仁义。仁主恩，义主断。恩者亲之，断者宜之，而理道毕矣。蹈之斯为道，得之斯为德，履之斯为礼，诚之斯为信，皆由其所之而异名。

柳宗元：《柳宗元集·四维论》

柳子曰：君子有二道，诚而明者，不可教以利；明而诚者，利进而害退焉。吾为是言，为利而为之者设也。或安而行之，或利而行之，及其成功，一也。

柳宗元：《柳宗元集》

忠义守节之士，出于天资，非关居位贵贱，受恩深浅也。王莽移汉祚，刘歆以宗室之隽，导之为逆，孔光以宰相辅成其事；而龚胜以故大夫守谊以死，郭钦、蒋诩以刺史郡守、栗融禽庆、曹竟、苏章以儒生皆去官伯之辈耳。安禄山、朱泚之变，陈希烈、张均、张垍、乔琳、李忠臣，皆以宰相世臣，为之丞弼，而甄济、权皋、刘海宾、段秀实，或以幕府小吏，或以废斥列卿，挺身立节，名震海内。人之贤不肖相去，何止天冠地履乎？

洪迈：《容斋随笔·忠义出天资》

人物以义为名者，其别最多。仗正道曰义，义师义战是也；众所尊戴者曰义，义帝是也；与众共之曰义，义仓义社义田义季义役义井之类是也；至行过人曰义，义士义侠义姑义夫义妇之类是也；自外入而非正者曰义，义父义儿义兄义弟义服之类是也，衣裳器物亦然，在首曰义髻，在衣曰义衫义领；合中小合子曰义子之类是也。合众物为之，则有义浆义墨义酒，禽畜之贤，则有义犬义马义鹰义鹘。

洪迈：《容斋随笔·人物以义为名》

道者，古今共由之理，如父之慈，子之孝，君仁，臣忠，是一个公共底道理。德，便是得此道于身，则为君必仁，为臣必忠之类，皆是有自得于己，方解恁地。尧所以修此道而成尧之德，舜所以修此道而成舜之德，自天地以先，羲黄以降，都即是这一个道理，亘古今未常有异，只是代代有了一个人出来做主。做主便即是得此道理于己，不是尧自是一个道理舜又是一个道理，文王周公孔子又别是一个道理。老子说："失道而后德。"他都不识，分做两个物事，便将道做一个空无底物事看。吾儒说只是一个物事。以其古今公共是这一个，不著人身上说，谓之道。德，即是全得此道于己。他说："失道而后德，失德而后仁，失仁而后义。"若离了仁义，便是无道理了。又更如何是道！

朱熹：《朱子语类·力行》

义者，宜也，君子见得这事合当如此，却那事合当如彼，但裁处其宜而为之，则何不利之有，君子只理会义，下一截利处更不理会。

心之制，却是说义之体。程子所谓处物为义是也；扬雄言义以宜之；韩愈言行而宜之之谓义。若只以义为宜，则义有在外意，须如程子言处物为义，则是处物者在心而非外也。

小人则只计较利害，如此则利，如此则害。

小人只理会下一截利，更不理会上一截义，盖是君子之心，虚明洞彻，见得义分明。小人只管计较利，虽然毫底利也自理会得。

朱熹：《朱子语类》

世言忠者不两立，忠孝亦有二乎？见于事君谓之忠，见于事亲谓之孝。人见其孝也，而不知有忠之道存焉。曰孝而已矣。人见其忠也，而不知有孝之道存焉，曰忠而已矣。一行非孝，非忠也；一念非忠，非孝也。天地之大也，日月之明也，人物之众也，其可感而通者，莫疾乎忠与孝也。虽庸人、孺子，一行其孝而风俗为之变，世之行政施化有弗能焉。

揭傒斯：《揭傒斯全集·送艺林诗序》

余乃言曰：俭者德之节，严者德之制，孝者德之本，敬者德之基，慈者德之爱，和者德之顺，学者德之聚。俭则财用足，严则上下辩，孝则仁义生，敬则礼让兴，慈则恩惠长，和则九族亲，学则万世明。德虽美，讲俭无以安其制，故为训之始。德虽备，非学无以约其求，故为训之终。由之则昌，舍之则亡，不可须臾出乎训之外。故表名以著远，服之若华衮，佩之若琼琚，嗜之若膏粱，处穷约而弗滥，履贵盛而弗泰，蹈危难而弗慑，仰不愧，俯不怍，然后可以充乎德之实，以进乎君子之域。

揭傒斯：《揭傒斯全集·进德堂记》

一念慈祥，可以酝酿两间和气；寸心洁白，可以昭重百代清芬。

俭，美德也，过则悭吝，为鄙啬，反伤雅道；让，懿行也，过则为足恭，为曲礼，多出机心。

洪应明：《菜根谭》

为善而欲自高胜人，施恩而欲要名结好，修业而欲惊世骇俗，植节而欲标异见奇，此皆是善念中戈矛，理路上荆棘，最易夹带，最难拔除者也。须是涤尽渣滓，斩绝萌芽，才见本来真体。

为恶而畏人知，恶中犹有善路；为善而急人知，善处即是恶根。

洪应明：《菜根谭》

礼者，人心之理也，协之以同然，百世可通也。人无礼，犹室无基。

陈子龙：《明经世文编》

《苏轼传》：熙宁初，安石创行新法，轼上书言：国家之所以存亡者，在道德之浅深，不在乎强与弱。历数之所以长短者，在风俗之厚薄，不在乎富与贫。臣愿陛下务崇道德而厚风俗，不愿陛下急于有功而贪富强。

顾炎武：《日知灵·宋世风俗》

昔者孔子既没，弟子录其遗言以为《论语》，而独取有子、曾子出言次于卷首，何哉？夫子所以教人者，无非以立天下之人伦，而孝弟，人伦之本也；慎终追远，孝弟之实也。甚哉，有子、曾子之言似夫子也。是故有人伦。然后有风俗，有风俗，然后有政事，有政事，然后有国家。

顾炎武：《顾亭林诗文集·华阴王氏家祠记》

善不积，不足以成名。恶不积，不足以灭身。小人以小善为无益而弗为也，以小恶为无伤而弗去也，故恶积而不可掩，罪大而不可解。

《周易大传·系辞传下》

◆◆◆◆◆◆◆◆◆◆◆◆◆◆◆◆◆◆◆◆◆◆◆◆◆◆

善行无辙迹，善言无瑕谪；善数不用筹策，善闭无关楗而不可开，善结无绳约而不可解。

是以圣人常善救人，故无弃人，常善救物，故无弃物。是谓袭明。

老子：《老子·二十七章》

凡为天下，治国家，必务本而后末。所谓本者，非耕耘种殖之谓，务其人也。务其人，非贫而富之，寡而众之，务其本也。务本莫贵于孝。人主孝，则名章荣，下服听，天下誉。人臣孝，则事君忠，处官廉，临难死；士民孝，则耕芸疾，守战固，不罢北。夫孝，三皇五帝之本务，而万事之纪也。

《吕氏春秋·孝行》

先王之于论也极之矣，故义者百事之始也，万利之本也，中智之所不及也。不及则不知，不知趋利。趋利固不可必也，公孙鞅、郑平、续经、公孙竭是已。以义动则无旷事矣。

《吕氏春秋·无义》

祸之所自起，乱之所由生，皆存乎欲善而违恶。今天下老师先生端弁带而说，乃以是召乱也。学者相与熏沐其中，扃而亦唯此之事，是事祸也。父以是故不慈，子以是故不孝，兄以是故不友，弟以是故不共，夫以是故不帅，妇以是故不从。君以是故不仁，臣以是故不忠。大伦蠹败，人纪消亡，结辙以趋之，而犹恐其弗及也。

《子华子·北宫子仕》

君子非人者，不出之于辞，而施之于行。故非非者行是，恶恶者行善，而道谕矣。

《鹖子·卷上》

昔自周公不求备于一人，况乎其德义既举，乃可以它故而弗之采乎？由余生于五秋，越蒙产于八蛮，而功施齐、秦，德立诸夏，令名美誉，载于图书，至今不灭。张仪，中国之人也；卫鞅，康叔之孙也，而皆谗佞覆，交乱四海。由斯观之，人之善恶，不必世族；性之贤鄙，不必世俗。中堂生负苞，山野生兰芷。夫和氏之璧，出于璞石；隋氏之珠，产于蜃蛤。诗云："采葑采菲，无以下体。"故苟有大美可尚于世，则虽细行小瑕曷足以为累乎？

王符：《潜夫论》

　　夫称善人者，不必无一恶；言恶人者，不必无一善。故恶恶极有，时而然善，恶不绝善，中人皆是也。善不绝恶，故善人务去其恶，恶不绝善，故恶人犹贵于善。夫然故恶理常贱，而善理常贵。今所以为君子者，以其秉善理也。苟善理常贵，则君子之道存也。夫善殊积者物逾重，义殊多者世逾贵。善义之积，一人之身耳，非有万物之助，而天下莫敢违，岂非道存故也。

　　　　　　　　　　袁宏：《后汉纪·孝质皇帝纪》

　　臣闻为人君者，在乎善善而恶恶，近君子而远小人。善善明，则君子进矣；恶恶著，则小人退矣。近君子，则朝无秕政；远小人，则听不私邪。小人非无小善，君子非无小过。君子小过，盖白玉之微瑕；小人小善，乃铅刀之一割。铅刀一割，良工之所不重，小善不足以掩众恶也；白玉微瑕，善贾之所不弃，小疵不足以妨大美也。善小人之小善，谓之善善，恶君子之小过，谓之恶恶，此则蒿兰同嗅，玉石不分，屈原所以沉江，卞和所以泣血者也。既识玉石之分，又辨蒿兰之臭，善善而不能进，恶恶而不能去，此郭氏所以为墟，史鱼所以遗恨也。

　　　　　　　　　　吴兢：《贞观政要·论公平第十六》

　　且君子小人，貌同心异。君子掩人之恶，扬人之善，临难无苟免，杀身以成仁。小人不耻不仁，不畏不义；惟利之所在，危人自安。夫苟在危人，则何所不至？

　　　　　　　　　　吴兢：《贞观政要·论诚信第十七》

　　阴德既必报，阴祸岂虚施？人事虽可罔，天道终难欺。明则有刑辟，幽则有神祇。苟免勿私喜，鬼得而诛之。

　　　　　　　　　　　　　　《白居易集·读史》

小善乱德，小才耗道。

　　　　　皮日休：《皮子文薮·书·鹿门隐书六十篇》

　　天道祸淫，人道恶杀，既为祸始，必以凶终。故自鞅、斯至于毛、敬，蹈其迹者，卒以诛夷，非不幸也。呜呼！执愚贾害，任天下之怨；反道辱名，归天下之恶。或肆诸原野，人得而诛之；或投之魑魅，鬼得而诛之。天人报应，岂虚也哉！俾千载之后，闻其名者，曾蛇豕之不若。悲夫！昔《春秋》之义，善恶不隐，今为《酷吏传》亦所以示惩劝也。

　　　　　　　　　　　　　　　　　　　《旧唐书》

　　论曰：君子之为善，非特以适己自便而已。其取于人也，必度人之可以与我也。其予人也，必度其人之可以受于我也。我可以取之，而其人不可以与我，君子不取。我可以予之，而其人不可受，君子不予。既为己虑之，又为人谋之，取之必可予，予之必可受。若己为君子而使人为小人，是亦去小人无几耳。

　　　　　苏东坡：《苏东坡全集·刘恺丁鸿孰贤论》

　　人之为不善也，皆有愧耻不安之心。人人惟奋而行之，君子惟从而已之。孟子曰："无为其所不为，无欲其所不欲。"如斯而已矣！

　　　　　　　　　　苏辙：《栾城后集·孟子解》

　　众曰善未必善，观其善之为也。众曰恶未必恶，观其恶之由也，行诈以自衒，取媚于小人，其足为善乎？任直以独立，取恶于非类，其足为恶乎？故择善采于誉，则多党者进，去恶信于言，则道直者退。

《文苑英华》

万物皆是一个天理，己何与焉？至如言"天讨有罪，五刑五用哉！天命有德，五服五章哉！"此都只是天理自然当如此。人几时与？与则便是私意。天只是以生为道，有善有恶。善则理当喜，如五服自有一个次第以章显之。恶则理当恶，彼自绝于理，故五刑五用，曷尝容心喜怒于其间哉？舜举十六相，尧岂不知？是以佗善未著，故不自举。舜诛四凶，尧岂不察？只为佗恶未著，那诛得佗？举与诛，曷尝有毫发厕于其间哉？只有一个义理，义之与比。

人能放这一个身公共放在天地万物中一般看，则有甚妨碍？虽万身，曾何伤？

程颐、程颢：《二程集·河南程氏遗书》

人非木石，不能无好恶，然好恶须得其正，乃始无咎。故曰"惟仁者能好人，能恶人"。恶之得其正，则不至于忿嫉。夫子曰："我未见好仁者、恶不仁者，"盖好人者，非好其人也，好其仁也；恶人者非恶其人也，恶其不仁也。"中也养不中，才也养不才"，岂但是贤父兄之心？贤弟子之心，亦岂得民于其父兄哉？故凡弃人绝物之习，皆不仁也。

陆九渊：《陆九渊集·与侄孙浚》

君子不敢违善以邀誉，父慈、子孝、兄爱、弟敬、夫义、妇顺、家人和、姻族睦，不伤人，不害物，安常处顺以求无负于民彝，如斯而已。其吉也，福也、誉也、君子为善自若也，反是，君子之为善亦自若也。吾为所当为，如饥之食，渴之饮耳；吾不为所不为，如饥不食馑，渴不饮鸩耳，吉凶祸福毁誉，听其自来也，于我何与焉。虽然善者难言也，不择善者每失之，或曰："忘其贵贱，同其尊卑，忍耻包羞，纳侮受欺，善乎？"曰："非也。"

吕坤：《吕新吾先生文集》

天下之人，本与仁者一般，圣人不曾高，众人不曾低，自不容有恶耳。所以有恶者，恶乡愿之乱德，恶久假之不归，名为好学而实不好学耳矣。若世间之人，圣人与仁人胡为而恶之哉！

李贽：《焚书·复京中友朋》

谲莫谲于魏武，奸莫奸于司马宣王。自今观之，魏武狡诈百出，虽其所心腹之人不吝假睡以要除之；而司马宣王竟夺其颔下之珠，不必遭其睡也。故曹公之好杀也已极，而魏之子孙即反噬于司马。司马之啮曹也亦可谓无遗留矣，而司马氏之子孙又即啖食于犬羊之群。青衣行酒，徒跣执盖，身为天子，反奴虏于鲜卑，戮辱于厥廷之下也。一何惨毒酷烈，令人反袂掩面，含羞而不忍见之欤！然则天之报施善人竟何如哉？吾是以知天之报施果不爽也；吾又以知谲之无益，奸之受祸也。故作《谲奸论》以垂鉴焉。

李贽：《续焚书·谲奸论》

是故视之如草芥，则报之如寇仇，不可责之谓不义，视之如手足，则报之如腹心，亦不可称之谓好义。是故豫让决死于襄子，而两失节于范氏与中行，相知与不相知，其心固以异也。故曰："士为知己者死"，而况乎以国土遇我也。士之忘身以殉义者，其心固如此。又曰："吾可以义求，不可以威劫。"可义求，是故澹台子羽弃千金之璧；不可劫以威，是故鲛可斩，璧终不可强而求。士之轻财而重义者，其心固如此。

李贽：《续焚书·序笃义》

凡过生于误，然所以造是误者必过也；恶生于过，然所以造是过者亦误而已。故过与恶每相因，而过成易犯，过而不已，卒导于恶，君子惓惓于改过，所以杜为恶之路也。

人心本无恶，近儒解克己，不以去私言亦是，然形气之病独非私耶？仁者深然与物同体，有己而后有物，安得仁？故"克己复礼为仁"，此是圣贤学宗要，不可草草看过。

黄宗羲：《黄宗羲全集·子刘子学言》

"流于恶"，"流"字有病，是将谓源善而流恶，或上流善而下流恶矣。不知源善者流亦善，上流无恶者下流亦无恶，其所为恶者，乃是他途歧路别有点染。譬如水出泉，若皆行石路，虽自西海达于东海，绝不加浊，其有浊者，乃亏土染之，不可谓水本清而流浊也。知浊者为土所染，非水之气质，则知恶者是外物染乎性，非人之气质矣。

颜元：《存性编》

异史氏曰："富皆得于勤，此独得于惰，亦创闻也。不知一贫彻骨而至性不移，此天所以始弃之而终怜之也。懒中岂果有富贵乎哉！"

蒲松龄：《聊斋志异·王成》

义者，君臣上下之事，父子贵贱之差也，知交朋友之接也，亲疏内外之分也。臣事君宜，下怀上宜，子事父宜，贱敬贵宜，

知交朋友之相助也宜，亲者内而疏者外宜。义者，谓其宜也，宜
而为之，故曰："上义为之而有以为也。"

韩非：《韩非子·解老》

医善吮人之伤，含人之血，非骨肉之亲也，利所加也。故舆
人成舆，则欲人之富贵，匠人成棺，则欲人之夭死也。非舆人仁
而匠人贼也，人不贵则舆不售，人不死则棺不买，情非憎人也，
利在人之死也。

韩非：《韩非子·备内》

吾心如秤，不能为人作轻重。

《北堂书钞》

子曰："爱生而败仁者，其下愚之行欤？杀身而成仁者，其
中人之行欤？游仲尼之门未有不冶中者也。"

王通：《文中子中说·事君篇》

利则居后害则居先，此君子处利害之法也。是故见利而先谓
之贪，见利而后谓之廉，见害而先谓之义，见害而后谓之怯。

吕祖谦：《东莱博议·臧文仲分曹田》

朱子云：喻义、喻利，只是这一事上君子见得是"义"，小
人见得是"利"。如伯夷见饴曰："可以养老"；盗跖见之曰："可
沃户枢。"

家南先生曰：学莫先于"义"、"利"之辨。"义"者本心之
当为，非有而为之也，有为而为则皆人欲，非天理矣。

张岱：《四书遇·论语》

修养与情感

信之者，仁也。不可欺者，智也。既智且仁，是谓成人。

管仲：《管子·桓言第十二》

形不正者，德不来；中不精者，心不治。正形饰德，万物毕得。翼然自来，神莫知其极。昭知天下，通于四极。是故曰：无以物乱官，毋以官乱心，此之谓内德。是故意气定，然后反正。气者身之充也，行者正之义也。充不美则心不得，行不正则民不服。

管仲：《管子·心术下第三十七》

大心而敞，宽气而广，其形安而不移，能守一而弃万苟，见利不诱，见害不惧，宽舒而仁，独乐其身，是谓云气，意行似天。

管仲：《管子·内业第四十九》

先生施教，弟子是则，温恭自虚，所受是极。见善从之，闻义则服。温柔孝悌，毋骄恃力，志毋虚邪，行必正直。游居有常，必就有德。颜色整齐，中心必式。夙兴夜寐，衣带必饰；朝益暮习，小心翼翼。一此不解，是谓学则。

管仲：《管子·弟子职第五十九》

　　毋犯其凶，毋迓其求，而远其忧。高为其居，危颠莫之救。

　　可浅可深，可浮可沉，可曲可直，可言可默；天不一时，地不一利，人不一事。

　　可正而视，定而履，深而迹。

管仲：《管子·宙合第十一》

　　戒之，戒之，微而异之，动作必思之，无令人识之，卒来者必备之。

管仲：《管子·枢言第十二》

　　建常立首，以靖为宗，以时为宝，以政为仪，和则长久。非吾仪虽利不为，非吾常虽利不行，非吾道虽利不取。上之随天，其次随人。人不倡不和，天不始不随。故其言也不废，其事也不堕。

管仲：《管子·白心》

　　安徐而静，柔节先定，虚心平意以待须。

管仲：《管子·九守第五十五》

　　目贵明，耳贵聪，心贵智。以天下之目视则无不见也，以天下之耳听则无不闻也，以天下之心虑则无不知也。辐辏并进，则明不塞矣。

管仲：《管子·九守第五十五》

　　凡人之生也，必以其欢。忧则失纪，怒则失端。忧悲喜怒，道乃无处。爱欲静之，遇乱正之，勿引勿推，福将自归。彼道自来，可藉与谋，静则得之，躁则失之。灵气在心，一来一逝，其大无外。所以失之，以躁为害。心能执静，道将自定。得道之人，理存而气泄，胸中无败。节欲之道，事物不害。

管子：《管子·内业第四十九》

　　子曰："弟子入则孝，出则弟，谨而信，泛爱众，而亲仁。行有余力，则以学文。"

孔子：《论语·学而第一》

　　子曰："见贤思齐焉，见不贤而内自省也。"

孔子：《论语·里仁第四》

　　子曰："德之不修，学之不讲，闻义不能徙，不善不能改，是吾忧也。"

孔子：《论语·述而第七》

　　子曰："士不可以不弘毅，任重而道远。仁以为己任，不亦重乎？死而后已，不亦远乎？"

孔子：《论语·泰伯第八》

　　子曰：学而时习之，不亦悦乎？

孔子：《论语·学而第一》

　　子曰："温故而知新，可以为师矣。"

孔子：《论语·为政第二》

子曰："学而不思则罔，思而不学则殆。"

子曰："攻乎异端，斯害也已。"

子曰："由！诲女知之乎！知之为知之，不知为不知，是知也。"

孔子：《论语·为政第二》

子贡问曰："孔文子，何以谓之'文'也?"子曰："敏而好学，不耻下问，是以谓之'文'也。"

孔子：《论语·公冶长第五》

子曰："默而识之，学而不厌，诲人不倦，何有于我哉?"

孔子：《论语·述而第七》

子曰："学如不及，犹恐失之。"

孔子：《论语·泰伯第八》

子贡问君子。子曰："先行其言，而后从之。"

孔子：《论语·为政第二》

有子曰："礼之用，和为贵。先王之道，斯为美，小大由之。有所不行，知和而和，不以礼节之，亦不可行也。"

孔子：《论语·学而第一》

子曰："君子坦荡荡，小人长戚戚。"子温而厉，威而不猛，恭而安。

孔子：《论语·述而第七》

子曰："其身正，不令而行；其身不正，虽令不从。"

孔子：《论语·子路第十三》

子曰："君子耻其言而过其行。"

孔子：《论语·宪问第十四》

子问公叔文子于公明贾曰："信乎，夫子不言不笑不取乎？"公明贾对曰"以告者过也。夫子时然后言，人不厌其言；乐然后笑，人不厌其笑；义然后取，人不厌其取。"子曰："其然？岂其然乎？"

孔子：《论语·宪问第十四》

子张问行，子曰："言忠信，行笃敬，虽蛮貊之邦行矣。言不忠信，行不笃敬，虽州里行乎哉？立，则见其参于前也，在舆，则见其倚于衡也，夫然后行。

孔子：《论语·卫灵公第十五》

孔子曰："君子有九思：视思明，听思聪，色思温，貌思恭，言思忠，事思敬，疑思问，忿思难，见得思义。"

孔子：《论语·季氏第十六》

子夏曰："君子有三变：望之俨然，即之也温，听其言也厉。"

孔子：《论语·子张第十九》

孔子曰："君子有三畏：畏天命，畏大人，畏圣人之言。小人不知天命而不畏也，狎大人，侮圣人之言。"

孔子：《论语·季氏第十六》

孔子曰："益者三乐，损者三乐。乐节礼乐，乐道人之善，乐多贤友，益矣。乐骄乐，乐佚游，乐宴乐，损矣。"

孔子：《论语·季氏第十六》

子曰："爱之欲其生，恶之欲其死。既欲其生，又欲其死，是惑也。"

孔子：《论语·颜渊第十二》

或曰："以德报怨，何如？"子曰："何以报德？以直报怨，以德报德。"

孔子：《论语·宪问第十四》

子贡曰："君子亦有恶乎？"子曰："有恶：恶称人之恶者，恶居下流而讪上者，恶勇而无礼者，恶果敢而窒者。"曰："赐也亦有恶乎？""恶徼以为知者，恶不孙以为勇者，恶讦以为直者。"

孔子：《论语·阳货第十七》

大成若缺，其用不弊。
大盈若冲，其用不穷。
大直若屈，大巧若拙，大辩若讷。
静胜躁，寒胜热，清静为天下正。

老子：《老子·四十五章》

企者不立，跨者不行；自见者不明；自是者不彰；自伐者无功；自矜者不长。其在道也，曰余食赘形。物或恶之，故有道者不处。

老子：《老子·二十四章》

重为轻根，静为躁君。

是以君子终日行不离辎重。虽有荣观，燕处超然。奈何万乘之主，而以身轻天下？

轻则失根，躁则失君。

老子：《老子·二十六章》

载营魄抱一，能无离乎？专气致柔，能婴儿乎？涤除元鉴，能无疵乎？爱民治国，能无知乎？无门开阖，能为雌乎？明白四达，能无为乎？生之畜之，生而不有，为而不恃，长而不宰，是谓"元德"。

老子：《老子·十章》

金玉难捐，土石易舍，学道之士，遇微言妙行，慎勿执之，是可为而不可执，若执之者，则腹心之疾，无药可疗。

关尹：《关尹子·九药篇》

关尹子曰："一情冥，为圣人；一情善，为贤人；一情恶，为小人。一情冥者，自有之无。不可得而示。一情善恶者，自无有起，自无起有，不可而得秘。一情善恶为有知，惟动物有之。一情冥为无知，溥天之下，道无不在。"

关尹：《关尹子·一字篇》

关尹子曰："情生于心，心生于性。情，波也；心，流也；性，水也。"

关尹：《关尹子·五鉴篇》

故君子力事日强，愿欲日逾，设壮日盛。君子之道，贫则见廉，富则见义，生则见爱，死则见哀；四行者不可虚假，反之身者也。藏于心者，无以竭爱；动于身者，无以竭恭；出于口者，无以竭驯。畅之四支，接之肌肤，华发隳颠，而犹弗舍者，其唯圣人乎！

墨翟：《墨子·修身》

是故先王之治天下也，必察迩来远，君子察迩而迩修者也。见不修行见毁而反之身者也，此以怨者而行修矣。谮慝之言，无入之耳；批扞之声，无出之口；杀伤人之孩，无存之心；虽有诋讦之民，无所依矣。

墨翟：《墨子·修身》

子墨子曰："言足以迁行者，常之；不足迁行而勿常。不足迁行而，常之，是荡口也。"

墨翟：《墨子·贵义》

今吾将正求与天下之利而取之，以兼为正。是以聪耳明目相与视听乎！是以股肱毕强相为动宰乎！而有道肆相教诲。是以老而无妻子者，有所侍养以终其寿；幼弱孤童之无父母者，有所放依以长其身。今唯毋以兼为正，即若其利也。

墨翟：《墨子·兼爱下》

既以非之，何以易之？子墨子言曰："以兼相爱，交相利之法易之。"然则兼相爱。交相利之法将奈何哉？子墨子言："视人之国若视其国，视人之家若视其家，视人之身若视其身。"是故诸侯相爱则不野战，家主相爱则不相篡，人与人相爱则不相贼，君臣相爱则惠忠，父子相爱则慈孝，兄弟相爱则和调。天下之人皆相爱，强不执弱，众不劫寡，富不侮贫，贵不敖贱，诈不欺愚。凡天下祸篡怨恨，可使毋起者，以相爱生也，是以仁者誉人。

墨翟：《墨子·兼爱上》

古之欲明明德于天下者，先治其国；欲治其国者，先齐其家；欲齐其家者，必修其身；欲修其身者，先正其心；欲正其心者，先诚其意；欲诚其意者，先致其知。致知在于物格。格物而后知至，知至而后意诚，意诚而后心正，心正而后身修，身修而后家齐，家齐而后国治，国治而后天下平。自天子以至于庶人，一是皆以修身为本。

曾子：《大学》

故君子，不可以不修身；思修身，不可以不事亲；思事亲，不可以不知人；思知人，不可以不知天。天下之达道五，所以行之者三。曰：君臣也，父子也，夫妇也，昆弟也，朋友之交也。五者，天下之达道也。知、仁、勇三者，天下之达德也。所以行之者一也。

子思：《中庸》

天命之谓性，率性之谓道，修道之谓教。道也者，不可须臾离也，可离非道也。是故君子戒慎乎其所不睹，恐惧乎其所不闻。莫见乎隐，莫显乎微，故君子慎其独也。喜怒哀乐之未发，谓之中；发而皆中节，谓之和。中也者，天下之大本也；和也者，天下之达道也。致中和，天地位焉，万物育焉。

子思：《中庸·第一章》

尽其心者，知其性也，知其性，则知天命矣。存其心，养其性，所以事天也。夭寿不贰，修身以俟之，所以立命也。

孟子：《孟子·尽心上》

人之于身也，兼所爱。兼所爱，则兼所养也。无尺寸之肤不爱焉，则无尺寸之肤不养也。所以考其善不善者，岂有他哉？于己取之而已矣。体有贵贱，有小大。无以小害大，无以贱害贵。养其小者为小人，养其大者为大人。

孟子：《孟子·告子上》

有天爵者，有人爵者。仁义忠信，乐善不倦，此天爵也；公卿大夫，此人爵也。古之人修其天爵，而人爵从之。今之人修其天爵，以要人爵；既得人爵，而弃其天爵，则惑之甚者也，终亦必亡而已矣。

孟子：《孟子·告子上》

枉己者，未有能直人者也。

孟子：《孟子·滕文公章句下》

爱人不亲，反其仁；治人不治，反其智；礼人不答，反其敬——行有不得者皆反求诸己，其身正而天下归之。《诗》云："永言配命，自求多福。"

孟子：《孟子·离娄上》

吾未闻枉己而正人者也，况辱己以正天下者乎？圣人之行不同也，或远，或近；或去，或不去；归洁其身而已矣。

孟子：《孟子·万章上》

告子曰："食色，性也。仁，内也，非外也；义，外也，非内也。"

孟子曰："何以谓仁内义外也？"

曰："彼长而我长之，非有长于我也；犹彼白而我白之，从其白于外也，故谓之外也。"

孟子：《孟子·告子上》

不仁者可与言哉？安其危而利其灾，乐其所以亡者。不仁而可与言，则何亡国败家之有？

孟子：《孟子·离娄上》

老吾老，以及人之老；幼吾幼，以及人之幼。天下可运于掌。

孟子：《孟子·梁惠王上》

亲之过大而不怨，是愈疏也；亲之过小而怨，是不要矶也。愈疏，不孝也；不可矶，亦不孝也。

孟子：《孟子·告子下》

君子之于物也，爱之而弗仁；于民也，仁之而弗亲。亲亲而仁民，仁民而爱物。

孟子：《孟子·尽心上》

人皆有不忍人之心。先王有不忍人之心，斯有不忍人之政矣。以不忍人之心，行不忍人之政，治天下可运之掌上。所以谓人皆有不忍人之心者，今人乍见孺子将入于井，皆有怵惕恻隐之心，非所以内交于孺子之父母也，非所以要誉于乡党朋友也，非恶其声而然也。由是观之，无恻隐之心，非人也。

孟子：《孟子·公孙丑章句上》

是故君子有终身之忧，无一朝之患也。乃若所忧则有之：舜，人也；我，亦人也。舜为法于天下，可传于后世，我由未免为乡人也，是则可忧也。忧之如何？如舜而已矣。若夫君子所患则亡矣。非仁无为也，非礼无行也。如有一朝之患，则君子不患矣。

《孟子·离娄下》

自吾之事夫人友若人也，三年之后，心不敢念是非，口不敢言利害，始得夫子一眄而已。五年之后，从心之所念，庚无是非；从口之所言，庚无利害，夫子始一引吾并席而坐。九年之后，横心之所念，横口之所言，亦不知我之是非利害欤；亦不知彼之是非利害欤；亦不知夫子之为我师，若人之为我友，内外进矣。而后眼如耳，耳如鼻，鼻如口，无不同也。心凝形释，骨肉都融；不觉形之所绮，足之所履，随风东西，犹木叶干枯，竟不知风乘我邪？我乘风乎？

列御寇：《列子·黄帝篇》

吾生于陵而安于陵，故也，长于水而安于水，性也，不知吾所以然而然，命也。吾始乎故，长乎性，成乎命，与齐俱入，与汨偕出。从木之道而不为私焉，此吾所以道之也。

列御寇：《列子·黄帝篇》

纪消子为周宣王养斗鸡。十日而问："鸡可斗已乎?"曰："未也，方虚骄而恃气。"十日又问。曰："未也，犹应影响。"十日又问。曰："未也，犹疾视而盛气。"十日又问。曰："几矣。鸡虽有鸣者，已无变矣。望之似木鸡矣，其德全矣。异鸡无敢者，反走耳。"

列御寇:《列子·黄帝篇》

杨朱曰："利出者实及，怨往者害来。发于此而应于外者唯请，是故贤者慎所出。"

列御寇:《列子·说符篇》

方舟而济于河，有虚船来触舟，虽有偏心之人不怒;有一人在其上，则呼张歙虚而今也实。人能虚己以游世，其孰能害之!

庄周:《庄子·山木》

老莱子曰："夫不忍一世之伤而骛万世之患，抑固窭邪? 亡其略弗及邪? 惠以欢为骛，终身之丑，中民之行进焉耳，相引以名，相结以隐。与其誉尧而非桀，不如两忘而闭其所非誉。反无非伤也，动无非邪也。圣人踌躇，以兴事，以每成功。奈何哉其载焉终矜尔!"

庄周:《庄子·外物》

人有畏影恶迹而去之走者，举足愈数而迹愈多，走愈疾而影不离身，自以为尚迟，疾走不休，绝力而死。不知处阴以休影，处静以息迹，愚亦甚矣! 子审仁义之间，察同异之际，观动静之变，适受与之度，理好恶之情，和喜怒之节，而几乎不免矣。谨修而身，慎守其真，还以物与人，则无所累矣。今不修之身而求之人，不亦外乎！

庄周：《庄子·渔父》

人大喜邪，毗于阳，大怒邪，毗于阴。阴阳并毗，四时不至，寒暑之和不成，其反伤人之形乎！

故君子不得已而临莅天下，莫若无为。无为也，而后安其性命之情。故贵以身于为天下，则可以托天下；爱以身于为天下，则可以寄天下。故君子苟能无解其五藏，无擢其聪明，尸居而龙见，渊默而雷声，神动而天随，从容无为而万物炊累焉。

庄周：《庄子·在宥》

无入而藏，无出而阳，柴立其中央。三者若得，其名必极。夫畏涂者，十杀一人，则父子兄弟相戒也，必盛卒徒而后敢出焉，不亦知乎！人之所取畏者，衽席之上，饮食之间，而不知为之戒者，过也！

庄周：《庄子·达生》

古之至人，先存诸己而后存诸人。所存于己者未定，何暇至于暴人之所行！

庄周：《庄子·人间世》

惠子谓庄子曰："人故无情乎？"庄子曰："然。"惠子曰："人而无情，何以谓之人？"庄子曰："道与之貌，天与之形，恶得不谓之人？"惠子曰："既谓之人，恶得无情？"庄子曰："是非吾所谓情也，吾所谓无情者，言人之不以好恶内伤其身，常因自然而不益生也。"惠子曰："不益生，何以有其身？"庄子曰："道与之貌，天与之形，无以好恶内伤其身。今子外乎子之神，劳乎子之精，倚树而吟，据槁梧而瞑。天选子之形，子以坚白鸣。"

庄周：《庄子·德充符》

诚有善无有哉？今俗之所为与其所乐，吾又未知乐之果乐邪？果不乐邪？吾观夫俗之所乐，举群趣者，誙誙然如将不得已，而皆曰乐者，吾未之乐也，亦未之不乐也。果有乐无有哉？吾以无为诚乐矣，又俗之所大苦也。故曰："至乐无乐，至誉无誉。"

庄周：《庄子·至乐》

夫富者，苦身疾作，多积财而不得尽用，其为形也亦疏矣！人之生也，与忧俱生。寿者惛惛久忧不死，何苦也！其为形也亦远矣。

庄周：《庄子·至乐》

孔子曰："君子有三恕：有君不能事，有臣而求其使，非恕也；有亲不能不报，有子而求其孝，非恕也；有兄不能敬，有弟而求其听令，非恕也。士明于此三恕，则可以端身矣！"

荀况：《荀子·法行》

以善先人者谓之教，以善和人者谓之顺；以不善先人者谓之谄，以不善和人者谓之谀。是是、非非谓之知；非是，是非谓之愚。伤良曰谗，害良曰贼，是谓是、非谓非曰直。窃货曰盗，匿行曰诈，易言曰诞，趣舍无定谓之无常，保利弃义谓之至贼。多闻曰博，少闻曰浅，多见曰闲，少见曰陋。难进曰偍，易忘曰漏。少而理曰治，多而乱曰耗。

荀况：《荀子·修身》

好法而行，士也；笃志而体，君子也；齐明而不竭，圣人也。人无法则伥伥然，有法而无志其义则渠渠然，依乎法而又深其类，然后温温然。

荀况：《荀子·修身》

治气，养心之术：血气刚强，则柔之以调和；知虑渐深，则一之以易良；勇毅猛戾，则辅之以道顺；齐给便利，则节之以动止；狭隘褊小，则廓之以广大；卑湿重迟贪利，则抗之以高志；庸众驽散，则劫之以师友；怠慢僄弃，则照之以祸灾；愚款端悫，则合之以礼乐，通之以思索。凡治气、养心之术，莫径由礼，莫要得师，莫神一好。夫是谓治气、养心之术也。

荀况：《荀子·修身》

君子养心莫善于诚，致诚则无它事矣，惟仁之为守，惟义之为行。诚心守仁则形，形则神，神则能化矣；诚心行义则理，理则明，时则能变矣。变化代兴，谓之天德。

荀况：《荀子·不苟》

君子曰：学不辍可以已。青，取之于蓝，而青于蓝；冰，水为之，而寒于水。木直中绳，𫐓以为轮，其曲中规，虽有槁暴，不复挺者，𫐓使之然也。故木受绳则直，金就砺则利，君子博学而日参省乎己，则知明而行无过矣。

荀况：《荀子·劝学》

学莫便乎近其人。《礼》、《乐》法而不说，《诗》、《书》故而不切，《春秋》约而不速。方其人之君子之说，则尊以遍矣，周于世矣。故曰，学莫便乎近其人。

荀况：《荀子·劝学》

君子之学也，入乎耳，箸乎心，布乎四体，形乎动静；端而言，蝡而动，一可以为法则。小人之学也，入乎自，出乎口。口、耳之间则四寸耳，易足以美七尺之躯哉？古之学者为己，今之学者为人。君子之学也，以美其身；小人之学也，以为禽犊。故不问而告谓之傲，问一而告二谓之囋。傲，非也；囋，非也；君子如向矣。

荀况：《荀子·劝学》

凡以知，人之性也；可以知，物之理也。以所以知人之性，求可以知物之理，而无所凝止之，则没世穷年不能偏也。其所以贯理焉虽亿万，已不足以浃万物之变，与愚者若一。学，老身长子，而与愚者若一，犹不知错，夫是之谓妄人。故学也者，固学止之也。

荀况：《荀子·解蔽》

礼起于何也？曰：人生而有欲，欲而不得，则不能无求、求而无度量分界，则不能不争。争则乱，乱则穷。先王恶其乱也，故制礼义以分之，以养人之欲，给人之求。使欲必不穷乎物，物必不屈于欲，两者相持而长，是礼之所起也。

荀况：《荀子·礼论》

礼有三本：天地者，生之本也；祖者，类之本也；君师者，治之本也。无天地，恶生？无先祖，恶出？无君师，恶治？三者偏亡，焉无安人。故礼，上事天，下事地，尊先祖而隆君师，是礼之三本也。

荀况：《荀子·礼论》

礼者，谨于治生死者也。生，人之始也；死，人之终也。终始俱善，人道毕矣。故君子敬始而慎终。终始如一，是君子之道，礼义之交也。

荀况：《荀子·礼论》

子路问于孔子曰："君子亦有忧乎？"孔子曰："君子，其未得也，则乐其意；既已得之，又乐其治。是以有终身之乐，无一日之忧也。小人者，其未得也，则忧不得；既已得之，又恐失之。是以有终身之忧，无一日之乐也。"

荀况：《荀子·子道》

孔子曰："吾有耻也，吾有鄙也，吾有殆也。幼不能强学，老无以教之，吾耻之。去其故乡，事君而达，卒遇故人，曾无旧言，吾鄙之。与小人处者，吾殆之也。"

荀况：《荀子·宥坐》

先王之教，莫荣于孝，莫显于忠。忠孝，人君人亲之所甚欲也。显荣，人子人臣之所甚愿也。然而人君人亲不得其所欲，人子人臣不得其所愿，此生于不知理义。不知理义，生于不学。

《吕氏春秋·劝学》

凡学，必务进业，心则无营，疾讽涌，谨司闻，观欢愉，问书意，顺耳目，不逆志，退思虑，术所谓，时辩说，以论道，不苟辩，必中法，得之无矜，失之无惭，必反其本。

《吕氏春秋·尊师》

且夫生人也，而使其耳可以闻，不学，其闻不若聋；使其目可以见，不学，其见不若盲；使其口可以言，不学，其言不若爽；使其心可以知，不学，其知不若狂。故凡学，非能益也，达天性也。能全天之所生而勿败之，是谓善学。

《吕氏春秋·尊师》

圣人生于疾学。不疾学而能为魁士名人者，未之尝有也。

《吕氏春秋·劝学》

欲知平直，则必准绳；欲知方圆，则必规矩；人主欲自知，则必直士。故天子立辅弼，设师保，所以举过也。夫人故不能自知，人主犹其。存亡安危，勿求于外，务在自知。

《吕氏春秋·自知》

士不偏不党，柔而坚，虚而实。其状朗然不儇，若失其一。傲小物而志属于大，似无勇而未可恐狼，执固横敢而不可辱害，临患涉难而处义不越，南面称寡而不以侈大，今日君民而欲服海外，节物甚高而细利弗赖，耳目遗俗而可与定世，富贵弗就而贫贱弗竭，德行尊理而羞用巧卫，宽裕不訾而中心甚厉，难动以物而必不妄折。此国士之容也。

《吕氏春秋·士容》

非辞无以相期，从辞则乱。乱辞之中又有辞焉，心之谓也。言不欺心，则近之矣。凡言者，以谕心也。言心相离，而上无以参之，则下多所言非所行也，所行非所言也。言行相诡，不祥莫大焉。

《吕氏春秋·淫辞》

耳之情欲声，心弗乐，五音在前弗听。目之情欲色，心弗乐，五色在前弗视。鼻之情欲芬香，心弗乐，芬香在前弗嗅。口之情欲滋味，心弗乐，五味在前弗食。欲之者，耳目鼻也。乐之弗乐者，心也。心必和平然后乐，心必乐然后耳目鼻口有以欲之，故乐之务在于和心，和心在于行适。

《吕氏春秋·适音》

仁于他物，不仁于人，不得为仁；不仁于他物，独仁于人，犹若为仁。仁也者，仁乎其类者也。故仁人之于民也，可以便之，无不行也。

《吕氏春秋·爱类》

无道人之短，无说己之长，施人慎无念，受施慎勿忘，俗誉不足慕，唯仁为纪纲，隐心而后动，谤议庸向伤，无使名过实，守愚圣所臧，柔弱生之徒，老氏诫刚强，在涅贵不淄，暧暧内含光，硁硁鄙夫介，悠悠固难量，慎言节饮食，知足胜不祥，行之苟有恒，久久自芬芳。

崔瑗:《座右铭》

自性虚妄，法身无功德。念念德行，平等直心，德即心轻。

常行于敬，自修身是功，自修心是德。功德自心作，福与功德别。

慧能：《坛经·之四》

善知识！法无顿渐，人有利顿。迷即渐契，悟人顿修，自识本心，自见本性，悟即无无差别，不悟即长动轮回。

慧能：《坛径·一六》

夫圣人抱诚明之正性，根中庸之至德，苟发诸中形诸外者，不由思虑，莫匪规矩；不善之心，无自人焉；可择之行，无自加焉：故惟圣人无过。

韩愈：《韩愈黎文集·省试颜子不贰过论》

情之品有上中下三，其所以为情者七：曰喜、曰怒、曰哀、曰惧、曰爱、曰恶、曰欲。上焉者之于七也，动而处其中；中焉者之于七也，有所甚，有所亡，然而求合其中者也；下焉者之于七也，亡舆甚，直情而行者也。

韩愈：《韩昌黎文集·原性》

西日下山隐，北风乘夕流。燕雀感昏旦，檐楹呼匹俦。鸿鹄虽自远，哀音非所求。贵人弃疵贱，下士尝殷忧。众情累万物，恕己忘内修。感叹长如此，使我心悠悠。

张九龄：《曲江集·感遇》

事父尽孝名，事君端忠贞。兄弟敦和睦，朋友笃信诚。从官重公慎，立身贵廉明。待士慕谦让，莅民尚宽平。理讼惟正直，察狱必审情。谤议不足怨，宠辱讵须惊。处满常惮溢，居高本虑倾。诗礼固可学，郑卫不足听。幸能修实操，何俟钓虚声。白硅玷可灭，黄金诺不轻。秦穆饮盗马，楚客报绝缨，言行既无择，存殁自扬名。

陈子昂：《陈子昂集·补遗·座右铭》

迎眸洗眼尘，隔胸荡心滓。定将禅不别，明与诚相似。清能律贪夫，淡可交君子。

白居易：《白居易集·玩止水》

读君学仙诗，可讽放佚君。读君董公诗，可诲贪暴臣。读君商女诗，可感悍妇仁。读君勤齐诗，可劝薄夫敦。上可裨教化，舒之济万民；下可理情性，卷之善一身。

白居易：《白居易集·读张籍古乐府》

绝弦与断丝，犹有却续时；
唯有衷肠断，无应续得期！

白居易：《白居易集·有感》

百年愁里过，万感醉中来。
惆怅城西别，愁眉两不开。

白居易：《白居易集·别卫苏》

胡子曰：修身以客欲为安，行己以恭俭为先，自天子至于庶人，一也。
道不能无物而自道峨不能无道而自物。道之有物，犹风之有动，犹水之有流也，夫孰能间之？故离物求道者，妄而已矣！

道非仁不立。孝者，仁之基也。仁者，道之生也。义者，仁之质也。

未能无欲，欲不行焉之谓大勇。未能无惑，惑不尚解之谓大智。物不尚应，务尽其心之谓大仁。人而不仁，则道义息。

胡宏：《胡宏集·修身》

人心常炯炯在此，则四体不待羁束，而自入规矩。只为人心有散缓时，故立许多规矩束维持之。但常常提警，教自入规矩内，则此心不放逸，而炯然在矣。心既常惺惺，又以规矩绳检之，此内外交相养之道也。

朱熹：《朱子语类·持守》

横渠云："心统性情。"盖好善而恶恶，情也；而其所以好善而恶恶，性之节也。且如见恶而怒，见善而喜，这便是情之所发。至于喜其所当喜，而喜不过；怒其所当怒，而怒不迁；以至哀乐爱恶欲皆能中节而无过，便是性。

朱熹：《朱子语类·张子之书一》

然乐人之饮而不自饮，终日言笑而无可择之言，闺门懿行虽处之不能过。岂其得阴之正德而无其幽奁之气耶！此亦妇人之杰也。

陈亮：《陈亮集·刘大人向氏墓志铭》

凡人之情，慢忽生于故常，狎侮起于畴昔。

陈亮：《陈亮集·汉论》

　　不富于技而能已足者，士之常道也；不分于用而能已成者，士之常职也。仁者，人所以为人之实也。不求仁则失其所以为人；求仁而不得其所以为仁，不可止也。古之人，舍一世之所重以求其所谓仁者；后之人，求一世之重以丧其所谓仁者。夫重与轻不先审，而以其所丧者为所求；人与己不先察，而以其所竞者为所乐荣；可乎？不可也。

叶适：《叶适集·水心文集》

　　言与行，如形影不可相违也，离言以为礼，离行以为乐，言与行不相待，而寄之以礼乐之虚名，不惟礼乐无所据，而言行先失其统。

叶适：《习学记言序目·礼记》

　　君子言忧不言乐，然而乐在其中也；小人知乐不知忧，故忧常及之。

叶适：《习学记言序目·毛诗》

　　命下之日，则扪心自省："有何勋阀行能，膺兹异数？"苟要其厚禄，假其威权，惟济已私，靡思报国，天监伊迩，将不汝容。夫受人直而怠其工；儋人爵而旷其事，己则逸矣，如公道何？如百姓何？

徐元端：《吏学指南·省己》

　　盖学道须先除我相，悭贪等我相之最粗者，人以我，故悭贪，若利济，则克却悭贪之我也。人以我，故忿嫉，若忍耐，则克却忿嫉之我也。究竟到圣佛，亦只是无我。宜尼言四绝，而终之以无我，是儒家亦先度我也。《金刚经》言四相，而始之以无我，是诸佛亦只度得我也。我之为我，其相甚粗，而究竟到极微细处。圣佛安之，故曰绝曰无；学人习之，故曰克曰度。今人不达此理，故将济人利物，皆看作小事。噫，知现前小事，便是作圣作佛，大解脱之场哉？

袁宏道：《袁宏道集·家报》

世上未有一人不居苦境者，其境年变而月不同，苦亦因之。故做官则有官之苦，做神仙则有神仙之苦，做佛则有佛之苦，做乐则有乐之苦，做达则有达之苦，世安得有彻底甜者，唯孔方兄庶几迁之。而此物偏与世之劳薪为侣，有稍知自逸者，便掉臂不顾，去之唯恐不远。然则人无如苦何邪？亦有说焉。

人至苦莫令若矣，当其奔走尘沙，不异牛马，何苦如之。少焉入衙斋，脱冠解带、又不知痛快将何如者。何也，眼不暇求色即此色，耳不暇求音即此音，口不暇求味即此味，鼻不暇求香即此香，身不暇求佚即此佚，心不暇求云搜天想即此想。当此之时，百骸俱适，万念尽销，焉知其他。始知人有真苦，虽至乐不能使之不苦，人有真乐，虽至苦亦不能使之不乐。故人有苦必有乐，有极苦必有极乐。知苦之必有乐，故不求乐；知乐之生于苦，故不畏苦。故知苦乐之说者，可以常贫，可以常贱，可以长不死矣。

袁宏道：《袁宏道集·王以明》

人心如火，世缘如薪，可爱可乐之境当前，如火遇燥薪，更益之油矣。若去其脂油，渡以清凉之水，火亦渐息。是以修行之人，常处逝多林中，借其无常之水，以消驰逐奔腾之火，此亦调心第一诀也。

袁中道：《珂雪斋近集·苦海序》

正其谊不谋其利，明其道不计其功，处事之要。己所不欲，勿施于人，行有不得，反求诸己，接物之要，大概备矣。诸生卒此而行，夫何学之不进。第今人虽知圣人门教有在，而每援"事之无害于义，从俗可也"自恕。则于此不能无戾。

海瑞：《海瑞集·教约》

无所为而为，其客德乃大矣。夫仁之为大，何为而为之也哉？谓天下有遗于其心之外，吾无信也。孟子言之，盖谓天下有纯乎无以议为米可曰尽道其间者，以小事大有之矣，曾何礼法之可守？仁者为之道，不安于尊卑大小之常机；自融于至诚恻怛之际。吾固曰乐天之心也。然是乐天也，满腔子恻隐矣。故恢恢乎天地之为大也。太和元气流于四时，物何所不包，人何所不化。虽中天下定四海，未身亲之天下之人，精神心术会于是矣。今日存神之功，他日过化之积，日小补之也哉！乐天言仁者之心也。保天下言仁者心之量也。然汤卒有葛伯之师，文王卒有昆夷之役，畴昔之乐何在？交邻有道，一怒而安天下之民，转之于恤矣。天者理而已矣。其大无外，眷生秋肃，无非教也。《易经》曰："汤武革命，顺乎天而应乎人。"君子不可以执于一论。

海瑞：《海瑞集·乐天者保天下》

戴子字褐夫，已而又自号曰药身。有呼者，或呼之曰褐夫，曰唯。或又呼之曰药身，又曰唯。是二者惟人之所呼之，无不可者。或谒余而问所以为药身之说，余曰："天下之苦口莫如药，非疾痛害事莫之尝焉。自黄帝、岐伯之所问答，医家、方士之所流传，《本草》、方书之所记载，其表不一，而其为说甚具。余所尝备极天下之苦，一身之内，节节皆病，盖宛转愁痛者久矣。又余多幽忧感慨，且病废无用于世，徒采药山间，命之以其业，则莫如此为宜。"

或曰："悲夫！甚矣子之志也。虽然，抑犹有说焉。《书》曰：'若药不瞑眩，厥疾不瘳。'方今学者之疾，沉痼已久而不可治，苟有秦越人者出，视其症结，诊其膏肓，为之按方选药，一伸背容身之间而已霍然矣。意者子之志其又有托于此乎？"戴子曰："否，否。"因备录其说。

戴名世：《戴名世集·药身说》

抑又闻当官守道，固贵于坚，而察言服善，尤贵于勇。前世正直君子自谓无私，固执己见，或偏所听人先入之言，虽有灼见事理以正议相规者，反视为浮言，而听之藐藐，其后情见势屈，误国事，狠犯清议，而百口无以自明者多矣。必如季路之闻过则喜，诸葛亮之谆诫属吏，勤攻已过，然后能用天下之耳目以为聪明，尽天下之材力以恢功业。

方苞：《方苞集·与来学圃书》

誉乎已则以为喜，毁乎已则以为怒者，心术之公患也。同乎己则以为是，异乎己则以为非者，学术之公患也。君子则不然；誉乎己则惧焉，惧无其实而掠美也。毁乎己则幸焉，幸吾得知而改之也。同乎已则疑焉，疑有所蔽而因是以自坚也。异乎己则思焉，去其所私以观异术，然后与道大适也。盖称吾之善者，或谀佞之虚言也。非然，则彼未尝知吾之深也。吾行之所由，吾心之我安，吾自知之而已。若攻吾之恶，则不当者鲜矣。虽与吾有憎怨，吾无其十，或实有四三焉。与吾言如响，心中无定识者也。非然，则所见之偶同也。若辩吾之惑，则不当者鲜矣。理之至者，必含于人心之不言而同然。好独而不厌乎人心，则其为偏惑也审矣。

方苞：《方苞集·通蔽》

袁子曰：俭，美德也。自矜其俭，便为凶德。蓼虫食苦而甘，彼自甘之，与人无与也。必欲率天下人而为蓼虫，悖矣。尚书亟表己之俭，而亦忘之；有所矜乎此者，必有所蔽乎彼也。故曰："克己之谓仁。"

袁枚：《小苍山房诗文集·俭戒》

"心常存，事不苟"，六字备存省之要。

至善无恶之本体，人人有之。存养是于这本来共有底保得定。

《易》于仁言体，于诚言存，示人以涵养之功切矣。

淡然无欲，粹然至善。存养者，养此而已。

天下原无善而变为恶之人，其变者，必其善非从源头上流出。此君子所以务养其源。

存养者，存养其善，非养空也。

刘熙载：《刘熙载论艺六种·存省》

仁者爱人，念于何起！顺事恕施，自胜以理。意气自任，争竞乃生；日用饮食，讼象或成。木火然物，木先自烬；愤加于人，实惟身灾。转愤为惩，因病得方；辨惑思难，德义日强。

刘熙载：《刘熙载论艺六种·惩愤》

耐寂，耐烦。一说到"耐"，尚有苦而难复之意。君子视"烦"、"寂"二者非苦境，乃常境也。亦行吾常而已，何"耐"之可云！

刘熙载：《刘熙载论艺六种·处境》

攻他人之异端，不如攻一身之异端。气禀物欲，皆为性分所本无。去本无以还其固有，损之又损以至于无。始而以道德占倍华，既而以中行绳过、不及，内御日强，外侮日退，则人我一矣，则自身之异端尽矣。舍己而芸人，夫我则不暇。《礼》不云乎："五中心无为也，以守至正。"

魏源：《魏源集学篇》

敏者与鲁者共学，敏不获而鲁反获之；敏者日鲁，鲁也日敏。岂天人之相易耶？曰：是天人之参也。溺心于邪，久必有鬼凭之；潜心于道，久必有神相之，管子曰："思之思之，又重思之；思之不通，鬼神将告之。"非鬼神之力，精诚之极也。道家之言曰："千周灿彬彬兮，万偏将可睹。神明或告人兮，灵魂勿自悟。"技可进乎道，艺可通乎神；中人可易为上智，凡夫可以祈天永命；造化自我立焉。"用志不分，乃、凝于神"，己之灵爽，天地之灵爽也。"俯焉日有孳之，毙而后已"，何微之不入？何坚之不靡？何心光之不发乎？是故人能兴造化相通，则可自造自化。《诗》云："天之牖尼，如壎如篪，如璋如硅，如取如携。"

魏源：《魏源集·默觚上，学篇二》

人必有终身之忧，而后能有不改之乐。君子所忧乐如之何？曰：所忧生于所苦。不苦行险，不知居易之乐也；不苦嗜欲，不知淡泊之乐也；不苦驰骛，不知收敛之乐也；不苦争竞，不知恬退之乐也；不苦憧扰，不知宁静之乐也；苦生忧，忧生嗜，嗜生乐。岂惟君子之分性然哉？即世俗亦有终身之忧乐焉，忧利欲之不遂其身也，忧利禄之不及其子孙也，忧谀闻之不哗于一世也。庸讵知吾所谓苦，非彼所谓甘，吾所谓忧，非彼所谓乐乎？《诗》曰："谁谓荼苦？其甘如荠。"

君子以道为乐，则但见欲知苦焉；小人以欲为乐，则但见道之苦焉。欲求孔、颜之所乐，先求孔、颜之所苦。愤、欲皆火也，未有炎上而不苦者也。淡莫淡于五谷之甘乎，乐莫乐于道谊之湛乎！故世味不淡者，道味不浓；熟处不生者，生处不熟。但念苟同情念，何凡不圣矣；道味苟同世味，何愚不哲矣！《诗经》曰："求之不得，寤寐思服。"

魏源：《默觚上·学篇十》

历览有国有家之兴，皆由克勤克俭所致。其衰也，则反是。余生平亦颇以勤字自励，而实不能勤。故读书无手抄之册，居官无可存之牍。生平亦好以俭字教人，而自问实不能俭。今署中内外服役之人，厨房日用之数，亦云奢矣。其故由于前在军营，规模宏阔，相沿来改，近因多病，医药之资漫无限制。由俭入奢易于下水，由奢反俭难于登天。

曾国藩：《曾国藩全集》

自修之道，莫难于养心。心既知有善知有恶，而不能实用其力，以为善去恶，则谓之自欺。方寸之自欺与否，盖他人所不及知，而己独知之。故《大学》之"诚意"章，两言慎独。果能好善如好好色，恶恶如恶恶臭，力去人欲，以存天理，则《大学》

之所谓自慊，《中庸》之所谓戒慎恐惧，皆能切实行之。即曾子之所谓自反而缩，孟子之所谓仰不愧、俯不怍，所谓养心莫善于寡欲，皆不外乎是。故能慎独，则内省不疚，可以对天地质鬼神，断无行有不慊于心则馁之时。人无一内愧之事，则天君泰然，此心常快足宽乎，是人生第一自强之道，第一寻乐之方，守身之先务也。

曾国藩：《曾国藩教子书》

苟能发奋自立，则家塾可读书，即旷野之地热闹之场亦可读书，负薪牧豕皆皆可读书；苟不能发奋自立，则家塾不宜读书，即清净之乡神仙之境皆不能读书。何必择地？何必择时？但自问立志之真不真耳！

曾国藩：《曾国藩家书》

盖人不读书则已，亦既自名曰读书人，则必从事于《大学》。《大学》之纲领有三：明德、新民、止至善，皆我分内事也。若读书不能体贴到身上去，谓此三项与我身了不相涉，则读书何用？虽使能文能诗，博雅自诩，亦只能算得识字之牧猪奴耳，岂得谓之明理有用之人也乎？

曾国藩：《曾国藩家书》

今人都将学字看错了，若细读"贤贤易色"一章，则绝大学问即在家庭日用之间，于孝弟两字上尽一分便是一分学，尽十分便是十分学。今人读书皆为科名起见，于孝弟伦纪之大，反似与书不相关。殊不知书上所载的，作文时所代圣贤说的，无非要明白这个道理。若果事事做得，即笔下说不出何妨。若事事不能做，并有亏于伦纪之大，即文章说得好，亦只算个名教中之罪人。

曾国藩：《曾国藩家书》

吾人为学，最要虚心。尝见朋友中有美材者，往往恃才傲物，动谓人不知己，见乡墨则骂乡墨不通，见会墨则骂会墨不通，既骂房官，又骂主考，未入学者，则骂学院。平心而论，己之所为诗文，实亦无胜人之处；不特无胜人之处，而且有不堪对人之处。只为不肯反求诸己，便都见得人家不是，既骂考官，又骂同考而先得者。傲气既长，终不进功，所以潦倒一生，而无寸进也。

曾国藩：《曾国藩家书》

敬之一字，孔门持以教人，春秋士大夫亦常言之，至程朱则千言万语不离此旨。内而专静纯一，外而整齐严肃，敬之工夫也；出门如是大宾，使民如承大祭，敬之气象也；修己以安百姓，笃恭而天下平，敬之效验也。程子谓上下一于恭敬，则天地自位，万物自育，气无不和，四灵毕至，聪明睿智，皆由此出，以此事天飨帝，盖谓敬则无美不备也。

曾国藩：《曾国藩教子书》

善莫大于恕，德莫凶于妒。妒者妾妇行，琐琐奚比数。己拙忌人能，己塞忌人遇。己若无事功，忌人得成务；己若无党援，忌人得多助。势位苟相敌，畏逼又相恶。己无好闻望，忌人文名著；己无贤子孙，忌人后嗣裕。争名日夜奔，争利东西鹜。但期一身荣，不惜他人污。闻灾或欣幸，闻祸或悦豫。问渠何以然，不自知其故。尔室神来格，高明鬼所顾。天道常好还，嫉人还自误。由明丛诟忌，乘气相回互。重者实汝躬，轻亦减汝祚。我今告后生，悚然大觉寤。终身让人道，曾不失寸步。终身视人善，曾不损尺布。消除嫉妒心，普天零甘露。家家获吉祥，我亦无恐怖。

曾国藩：《曾国藩全集》

孳孳为利，乃天下通病，然须立志，戒之先除此病，然后可言品学经济。堕行干禁，多由于此。学者治生之道，修德勤俭，博学多能而已。即如教授糊口者，苟能学优文类，训课诚笃，成就后进，不较锱铢，自然屣履争迎，羔雁踵至。推此以求，凡执驰业者，向独不然？岂必损人自利，作奸犯科，乃可生于人世哉？

张之洞：《张文襄公全集·輶轩语》

不以一衿而自足，不以能文而自满，立志希古不随流俗，无论学行两端常与古人比较，不以今人自宽，是谓远大。

张之洞：《张文襄公全集·輶轩语》

读书宜读有用书。有用者何？可用以考古，可用以经世，可用以治身心。

张之洞：《张文襄公全集·輶轩语》

一乡风俗视乎士类，果能相率崇俭，乡里必有观感。浮华渐除，生计自然渐裕。城市读书人尤戒专讲酬酢世故。即异日显达仕宦亦望以此自持，则廉正无欲，必有政绩可观。

张之洞：《张文襄公全集·輶轩语》

古人为士，期于博通今古，德成名立，即使不遇，讲学著书，安贫乐道，足以疗饥，惟其有道，所以可乐。今人入塾应考者虽多，名则为士，而师固陋，作辍无恒，帖括之外，固无所知，应试诗文，亦不及格，勉强观场，忘思弋获；至于困顿垂老，变计无及，农工商贾，皆年不晓，贫窭颠蹄，计无复之，遂至丧行败检。愿读书者务须专精奋发，学必求成，如自揣志向不坚，不如及早弃去，自占一业，尚可有资事畜，慎无士之名，无士之实，悠悠泄泄，自误平生也。

张之洞：《张文襄公全集·輶轩语》

养心莫善于寡欲，寡欲莫善于明理，理明则能见义而有以胜其欲矣，理明则能安命而有以淡其欲矣，理明则能畏天而有以制其欲矣。

裕谦：《勉益斋续存稿》

近日颇觉"闻人有善，若己有之；见人有过，若己有之"。此中大有受用处，咸以虚而能受，是大舜若决江河气象。"兑"因"说"以取义，是孔子不怨天，不尤人气象。余谓即此以处今之世，尤宜。

刘光第：《刘光第集·都门偶学记六》

两虎苦斗，樵夫处其皮；鹬蚌相持，渔人利之。跋疐而授人以隙，智者不为；为之者危。

刘光第：《刘光第集·杂语一》

尝慕黄叔度汪汪如万顷之波，澄之不清，挠之不浊，其雅度真足治吾人轻躁浅露之病。

余谓养气工夫，尤要在澄之不清上吃力，更觉要紧一着。

古人德成而不欲为师，学成而不欲出仕，真是重道德而轻功名，何等度量！何等器识！

刘光第：《刘光第集·都门偶学记二》

❖━━━━━━━━━━━━━━━━━❖

或曰：士之论高，何必以文？答曰：夫人有文，质乃成；物有华而不实，有实而不华者。《易》曰："圣人之情见乎辞。"出口为言，集札为文。文辞设施，实情敷烈。夫文德，世服也。究书为文，实行为德，著文于衣为服。故曰：德弥盛者，文弥缛；德弥彰者，人弥明。大人德广，其文炳，小人德炽，其文斑。官尊而文繁，德高而文积。物以文为表，人以文为基。

王充：《论衡·书解》

或曰："辞达而已矣。"圣人以文其奥也有五，曰元，曰妙，曰包，曰要，曰文。幽深谓之元，理微谓之妙，数博谓之包，辞约谓之要，章成谓之文。圣人之文，成此五者，故曰不得已。

荀悦：《申鉴·杂言下第五》

君子乐天知命故不忧，审物明辨故不惑，定心致公故不惧。若乃所忧惧则有之，忧己不能成天性也，惧己惑之。忧不能免，天命无惑焉。

荀悦：《申鉴·杂言下第五》

夫学者，所以求益耳。见人读数十卷书，便自高大，凌忽长者，轻慢同列；人疾之如仇敌，恶之如鸱枭。如此以学自损，不如无学也。

颜之推：《颜氏家训·勉学》

凡人不能教子女者，亦非欲陷其罪恶；但重于诃怒，伤其颜色；不忍楚挞，惨其肌肤耳。当以疾病为谕，安得不用汤药针艾救之哉？又宜思勤督训者，可愿苟虐于骨肉乎？诚不得已也。

颜之推：《颜氏家训·教子》

借人典籍，皆须爱护，先有缺坏，就为补治，此亦士大夫百行之一也。济阳江禄读书未竟，虽有急速，必待卷束整齐，然后得起，故无损败，人不厌其求假焉。或有狼藉几案，分散部帙，多为童幼婢妾之所点污，风雨虫鼠，实为累德。吾每读圣人之书，未尝不肃敬对之；其故纸有《五经》词义及贤达姓名，不敢秽用也。

颜之推：《颜氏家训·治家》

福至生西方；各难知厌足。身是有限身，程期太剧促。纵有百年治，徘徊知转烛，憨人连脑痴，买锦妻装束，无心造福田，有意侍奴仆，只得暂时劳，旷身入苦海。

王梵志：《福至生西方》

事者，其取诸仁义而有谋乎？虽天子必有师，然亦何常师之有，唯道所存以天下之身，受天下之训。

王通：《文中子中说·问易篇》

居近识远，处今知古，惟学矣乎？

王通：《文中子中说·礼乐篇》

子曰："言而信未若不言而信，行而谨未若不行而谨。"

贾琼曰："如何?"

子曰："推之以诚，则不言而信，镇之以静则不行而谨，惟有道者能之。"

王通：《文中子中说·周公篇》

子谓窦威曰："既冠读冠礼，将婚读婚礼，居丧读丧礼，既葬读祭礼。朝廷读宾礼，军旅读军礼。故君子终身不违礼。"

窦威曰："仲尼言，不学礼无以立，此之谓乎?"

王通：《文中子中说·魏相篇》

礼乐之文，随世而存之，不见其大全。惟是《诗》、《书》垂世，焕乎其可观者，皆贯道之器，非特雕章缋句以治聋俗之耳目者也。学者不问古人之文为贯道之器，诵其诗，读其书，往往猎取其新奇壮丽，以驾其道听途说人乎耳出乎口者，发为一切之文，自许高风逸气，可以跨越乎古今，峻峰激流；可以眈骇于观听。谓天地造化之工，皆在其笔端。而圣人之用心处为尽在此矣，所谓郁郁之文，可以明经制；未丧斯文，可以备述作。当年天下，异时来世，所赖以济者，未尝过而问焉，可胜惜哉。尝谓人生而不学，与无生同；学而不能文，与不学同；能文而不载乎道，与无文同。文之不可以已也如此。

徐坚：《初学记·序》

善为政者，不择人而理，故俗无精粗，咸被其化；工为史者，不选事而书，故言无美恶，于书传于后。若事皆不谬，言必近真，庶几可与古人同居，何止得其糟粕而已。

刘知几：《史通·言语第二十》

学而废者，不若不学而废者。学而废者，恃学而有骄，骄必辱。不学而废者，愧已而自卑，卑则全。

皮日休：《皮子文薮·书·鹿门隐书六十篇》

昔者孔子作《春秋》而乱臣贼子惧，其于弑君篡国之主，皆不黜绝之，岂以其盗而有之者，莫大之罪也，不没其实，所以著其大恶而不隐欤？自司马迁、班固皆作《高后纪》，吕氏虽非篡汉，而盗执其国政，遂不敢没其实，岂其得圣人之意欤？抑亦偶合于《春秋》之法也。唐之旧史因之，列武后于本纪，盖其所从来远矣。

欧阳修、宋祁：《新唐书·本纪第四》

所见所期，不可不远且大，然行之亦须量力有渐。志大心劳，力小任重，恐终败事。

程颐、程颢：《二程集·遗书卷第二上》

或问："性善而情不善乎？"

子曰："情者，性之动也，要归之正而已，亦何得以不善名之？"

程颢、程颐：《二程集》

盖因是人有可怒之事而怒之，圣人之心本无怒也。譬如明镜，好物来时，便见是好，恶物来时，便见是恶，镜何尝有好恶也？世之人固有怒于室而色于市。且如怒一人，对那人说话，能无怒色否？有能怒一人而不怒别人者，能做得如此，已是煞知义理。若圣人，因物而未尝有怒，此莫是甚难。君子役物，小人役

127

于物也。人见有可喜可怒之事，自蒙著一分陪送他，此亦劳矣。圣人心如止水。

程颐、程颢：《二程集·遗书》

心生道也，有是心，斯具是形以生。恻隐之心，人之生道也，虽桀、跖不能无是以生。但戕贼以灭天耳。始则不知爱物，俄而至于忍，安之以至于杀，充之以至于好杀，岂人理也哉？有欲乱之人，而无与乱者，则虽有强力，弗能为也。有劫人以杀者，则先治劫者，而杀者次之。将以垂训于后世，则先杀者而后劫者。

程颐、程颢：《二程集·遗书》

人之为学，不日进则日退。独学无友，则孤陋而难成；久处一方，则习染而不自觉。不幸而在穷僻之城，无车马之资，犹当博学审问，古人与稽，以求其是非之所在，庶几不得十之五六。若既不出户，又不读书，则是面墙之士，虽子羔、原宪之贤，终无所于天下。子曰："十室之邑，必有忠信，如丘者焉，不如丘之好学也。"夫以孔子之圣，犹须好学，今人可不勉乎？

顾炎武：《顾亭林诗文集·与人书一》

琴书诗画，达士以之养性灵，而庸夫徒赏其迹象；山川云物，高人以之助学识，而俗子徒玩其光华。可见事为无定品，随人识见以为高下。故读书穷理要以识趣为先。

洪应明：《菜根谭》

众人以顺境为乐，而君子乐自逆境中来；众人以拂意为忧，

传 世 励 志 经 典

而君子忧从快意处起。盖众人忧乐以情，而君子忧乐以理也。

若心中常得悦心之趣，得意时便生失意之悲。

有一乐境界，就有一不乐的相对待；有一好光景，就有一不好的相乘除。只是寻常家饭，素位风光，才是个安乐窝巢。

山林是胜地，一营恋便成市朝；书画是雅事，一贪痴便成商贾。盖心无染者，欲境是仙都；心有萦牵，乐境成悲地。

洪应明：《菜根谭》

心体澄澈，常在明镜止水之中，则天下自无可厌之事；意气和平，常在丽日光风之内，则天下自无可恶之人。

洪应明：《菜根谭》

栖守道德者，寂寞一时；依阿权势者，凄凉万古。达人观物外之物，思身后之身，宁受一时之寂寞，毋取万古之凄凉。

花开花谢春不管，拂意事休对人言；水暖水寒鱼自知，会心处还期独赏。

惊奇喜异者，终无远大之识；苦节独行者，安有恒久之操。

洪应明：《菜根谭》

一点不忍的念头，是生民生物之根芽：一段不为的气节，是撑天撑地之柱石。故君子于一虫一蚁，不忍伤残；一缕一丝，勿容贪冒，变可为万物立命，天地立心矣。

从热闹场中出几句清冷言语，便扫除无限杀机；向寒微路上用一点赤热心肠，自培植许多生意。

爱是万缘之根，当知割舍；识是众欲之本，要力扫除。

谢豹覆面，犹知自愧；唐鼠易肠，犹知自悔。盖悔愧二字，乃吾人去恶迁善之门，起死回生路也。人生若无此念头，便是起死之寒灰，已枯之槁木矣，何处讨些生理？

为鼠常留饭，怜蛾纱罩灯。古人此点念头，是吾人一点生生之机，无此即所谓土木形骸而已。

洪应明：《菜根谭》

炎凉之态，富贵更甚于贫贱；妒忌之心，骨肉尤狠于外人；此处若不当以冷肠，御以平气，鲜不日坐烦恼障中矣。

洪应明：《菜根谭》

人生今世宜何如？不能有为且读书。读书终不可事章句，略知大意弃之去。鄙哉近代之儒生，白首矻矻穷一经，聪明远出马郑下，辄持议论相抗衡。悍者判入天竺国，操戈反与圣贤争，讥讪程朱为笨伯；居然自诧王阳明，妄言万事一以贯，叩之不异蚩蚩氓。源伪之徒擅文笔，鬼神欲语风雨惊，自夸读破五车书，胸中武库森纵横，一朝失身败名节，却似不曾识一丁。读书如此可悲痛，今日尤当知所重；忠义天生不必言，古来大儒皆有用。像纬方舆肆览观，六部之事由多端，学成会取通侯印，才大要登上将坛。人生遇合固有命，规模经书先时定，格天功业有本源，谁谓读书记名姓？我今读书幸不误，但恐荒嬉白日暮！愿告当世读书人，毋为空作书中蠹。

归庄：《归庄集·读书》

古者学必有师，师必有专家，经术则郑玄、卢植师马季长；诗赋则宋玉、唐勒、景差师屈原；理学则恒谭、侯苞师扬子云，董尝、程元师王仲淹。韩退之以文章士抗颜为天下师，李翱、张籍辈才过人、皆从之游，退之犹作师论，议当世学士，谓巫医之不若，岂非习其事为其学者，其授受渊源，有不可诬者欤？

归庄：《归庄集·与某侍郎》

改之一字，是学问人第一精进工夫。只是要日日自己去省察。如到晚上，把一日所言所行底想想，今日哪一句话说得不是了，哪一件事做得不是了，明日便不说如此话，不做如此事了。便是渐渐都是向上熟境。若今日想，明日又犯，此等人活一百年，也没个长进。吃紧底是小底往大里改，短底往长里改，窄底往宽里改，躁底往静里改，轻底往重里改，虚底往实里改，摇荡底往坚固里改，龌龊底往光明里改，没耳性底往有耳性里改。如此去读书行事，只有益，决无损，久久自觉受用。

傅山：《傅山诗文选注·改之一字》

朋友之难，莫说显为赖人者不可误与；即颇有好名之人，亦不可造次认账。相称相誉之中，最多累人，人不防也。此事亦是曾经与此辈交而受其称誉攀援之累者，始知之。所以独行之士，看著孤陋养其德，远辱之妙，真不可测。故认得一人，添得一累。少年当知之。

傅山：《傅山诗文选注·说交游》

诗之淳古境地，必至读破万卷后含蓄出来；若袭取之，终成浅薄家数。多读书非为搬弄家私，震川谓善读书者，养气即在其内，故胸多卷轴，蕴成真气，偶有所作，自然臭味不同。

李重华：《贞一斋诗说》

伟矣诗书业，殷然夙好敦。

一生心不二，万卷世徒繁。

每有新知得，都缘旧解翻。

黄爵滋：《玉堂课草·读书敦夙好》

所贵读书者为能明白事理，学作圣贤，不在科名一路。如果是品端学优之君子，即不得科第，亦自尊贵。若徒然写一笔时派字，作几句工致诗，摹几篇时下八股，骗一个秀才、举人、进士、翰林，究竟是什么人物！

左宗棠：《左文襄公家书》

君子居其室，出其言善，则千里之外应之，况其迩者乎；居其室，出其言不善，则千里之外违之，况其迩者乎。言出乎身，加乎民。行发乎迩，见乎远。言行，君子之枢机。枢机之发，荣辱之主也。言行，君子之所以动天地也，可不慎乎！

《周易大传·系辞传上》

幼子常视毋诳，童子不衣裘裳。立必正方。不倾听。长者与之提携，则两手奉长者之手。负剑辟咡诏之，则掩口而对。从于先生，不越路而与人言。遭先生于道，趋而进，正立拱手。先生与之言则对；不与之言则趋而退。从长者而上丘陵，则必向长者所视。登城不指，城上不呼。将适舍，求毋固。将上堂，声必扬。户外有二履，言闻则入，言不闻则不入。将入户，视必下，入户奉扃，视瞻毋回；户开亦开，户阖亦阖；有后入者，阖而勿遂。毋践履，毋踖席，抠衣趋隅。必慎唯诺。

戴圣：《礼记第一·曲礼上》

父母有疾，冠者不栉，行不翔，言不惰，琴瑟不御，食肉不至度味，饮酒不至变貌，笑不至矧，怒不至詈。疾止复故。有忧者侧席而坐，有丧者专席而坐。

戴圣：《礼记第一·曲礼上》

何谓人情？喜怒哀惧爱恶欲，七者，弗学而能。何谓人义？父慈，子孝，兄良，弟悌，夫义，妇听，长惠，幼顺，君仁，臣忠十者，谓之人义。讲信修睦，谓之人利。争夺相杀，谓之人患。故圣人所以治人七情，修十义，讲信修睦，尚辞让，去争夺，舍礼何以治之？

戴圣：《礼记第九·礼运》

凡言，非对也，妥而后传言。与君言，言使臣，与大人言，言事君，与老者言，言使弟子，与幼者言，言孝弟于父兄，与众言，言仁忠信慈祥，与居官者言，言忠信。凡与大人言，始视面，中视抱，卒视面，毋改，众皆若是，若父则游目，毋上于面，毋下于带，若不言，立则视足，坐则视膝。

《仪礼》

宫有垩，器有涤，则洁矣。行身亦然，无涤垩之地则寡非矣。

韩非：《韩非子·说林下》

千丈之堤，以蝼蚁之穴溃；百尺之室，以突隙之烟焚。故曰白堤圭之行堤也塞其穴，丈人之慎火也涂其隙。以白圭无水难，丈人无火患，此皆慎易以避难，敬细以远大者也。

韩非：《韩非子·喻老》

礼者，所以貌情也，群义之文章也，君臣父子之交也，贵贱贤不肖之所以别也。中心怀而不渝，故疾趋卑拜以明之，实心爱而不知，故好言繁辞以信之。礼者，外饰之所以谕内也。

韩非：《韩非子·解老》

众人之为礼也，以尊他人也，故时劝时衰，君子之为礼，以为其身，以为其身，故神之为上礼，上礼神而众人贰，故不能相应，不能相应，故曰："上礼为之而莫之应"。众人虽贰，圣人之复恭敬，尽手足之礼也不衰，故曰："攘臂而仍之。"

韩非：《韩非子·解老》

爱人不独利也，待誉而后利之，憎人不独害也，待非而后害之。

韩非：《韩非·三守》

夫施与贫困者，此世之所谓仁义，哀怜百姓，不忍诛罚者，此世之所谓惠爱也。夫有施与贫困，则无功者得赏，不忍诛罚，则暴乱者不止。

韩非：《韩非子·奸劫弑臣》

仁者，谓其中心欣然爱人也，其喜人之有福而恶人之有祸也，生心之所不能已也，非求其报也。

韩非：《韩非子·解老》

或问铭，曰：铭哉，铭哉，有意于慎也！圣人之辞可为也，使人信之，所不可为也。是以君子强学而力行，珍其货而后市，

◦◦◦ 134 ◦◦◦

修其身而后交，善其谋而后动，成道也。君子之所慎，言、礼、书，上交不谄，下交不骄，则可以有为矣。

扬雄：《法言·修身第三》

传曰：不歌而诵谓之赋，登高能赋，可以为大夫。言感物造端，材知深美，可与图事，故可以列为大夫也。古者诸侯卿大夫交接邻国，以微言相感，当揖让之时，必称诗以谕其志，盖以别贤不肖而观盛衰焉。故孔子曰："不学诗，无以言"也。

班固：《汉书·艺文志》

言语者，君子之枢机，谈何容易。凡在众庶，一言不善，则人记之，成其耻累。况是万乘之主，不可出言有失。其所亏损至大，岂同匹夫？我常以此为戒。

吴兢：《贞观政要·慎言语第二十二》

穿衣吃饭，即是人伦物理；除却穿衣吃饭，无伦物矣。世间种种皆衣与饭类耳，故举衣与饭而世间种种自然在其中，非衣饭之外更有所谓种种绝与百姓不相同者也。学者只宜于伦物上识真空，不当于伦物上辨伦物。故曰："明于庶物，察于人伦。"于伦物上加明察，则可以达本而识真源；否则只在伦物上计较忖度，终无自得之日矣。支离、易简之辞，正在于此。明察得真空，则为由仁义行；不明察，则为行仁义，入于支离而不自觉矣。可不慎乎？

李贽：《焚书·答邓石阳》

佛说六经罗蜜，以布施为第一，持戒为第二。真空之所以能勤修者，戒也；众居士之所以布施者，为其能持戒也。真空守其第一，以获其第二；众居士出其第一，以成其第二。可知持戒固重，而布施尤重也。布施者比持戒为益重，所谓青于蓝也。众居士可以勇跃赞叹，同登极乐之乡矣，千千万万动，宁复是此等乡里之常人耶！

李贽：《焚书·篁山碑文代作》

人之气质，受成于地，感生于山川物质，触遇于风露寒暑，争欲相炽，心血相构，奈之何哉？躁者不知察此，急于一时。以赴事功。事功有天焉，即天捐眷助之，其成也，于人之益无几矣。圣人知此，故知消息进退存亡之理，潜龙则发挥遁世无闷，乐行忧违，无入而不自得，盖知天下之故也。

康有为：《康有为全集》

人之生也，惟有爱恶而已。欲者，爱之征也；喜者，爱之至也；乐者，又其极至也；哀者，爱之极至而不得，即所谓仁也；皆阳气之发也。怒者，恶之征也；善者，恶之极至而不得，即所谓义也；皆阴气之发也。婴孩沌沌，有爱恶而无哀惧，故人生惟有爱恶而已。哀之生也，自人之智出也。

康有为：《康有为全集》

事不在小，苟其反复数四，养成习惯，则其影响至大，其于善否之间，乌可以不慎乎？第使平日注意于善否之界，而养成其去彼就此之习惯，则将不待勉强，而自进于道德。道德之本，固不在高远而在卑近也。自洒扫应对进退，以及其他一事一物一动一静之间，无非道德之所在。彼夫道德之标目，曰正义，曰勇往，曰勤勉，曰忍耐，要皆不外乎习惯耳。

蔡元培：《蔡元培教育论集》

所谓博爱，义斯无歧，即孔子所谓："已欲立而立人，已欲达而达人。"张子所称"民胞物与者"是也。准之吾华，当曰仁。

蔡元培：《蔡元培教育论集》

爱之范围有大小。在野蛮时代，仅知爱自己及与己最接近者，如家族之类。此外稍远者，辄生嫌忌之心。故食人之举，往往有焉。其后人智稍进，爱之范围渐扩，然犹不能举人我之见而悉除之。如今日欧洲大战，无论协约方面或德奥方面，均是已非人，互相仇视，欲求其爱之普及甚难。独至于学术方面则不然：一视同仁，无分畛域；平日虽属敌国，及至论学之时，苟所言中理，无有不降心相从者。可知学术之域内，其爱最溥。又人类嫉妒之心最盛，入主出奴，互为门户。然此亦仅限于文学耳；若科学，则均由实验推理所得唯一真理，不容以私见变易一切。是故嫉妒之技无所施，而爱心容易养成焉。

蔡元培：《蔡元培教育论集》

父母之爱其子也，根于天性，其感情之深厚，无足以尚之者。子之初娠也，其母为之不敢顿足，不敢高语，选其饮食，节其举动，无时无地，不以有妨于胎儿之康健为虑。及其生也，非受无限之劬劳以保护之，不能全其生。而父母曾不以是为烦，饥则忧其食之不饱，饱则又虑其太过；寒则恐其凉，暑则惧其燠，不惟此也，虽婴儿之一啼一笑，亦无不留意焉，而同其哀乐。及其稍长，能匍匐也。则望其能立；能立也，则又望其能行。及其

137

六七岁而进学校也，则望其日有进境。时而罹疾，则呼医求药，日夕不遑，而不顾其身之因而衰弱。其子远游，或日暮而不归，则倚门而望之，惟祝其身之无恙。及其子之毕业于普通教育，而能营独立之事业也，则尤关切于其成败，其业之隆，父母与喜，其业之衰，父母与忧焉，盖终其身无不为子而劬劳者。呜呼！父母之恩，世岂有足以比例之者哉！

蔡元培：《蔡元培全集》

◆┼┼┼┼┼┼┼┼┼┼┼┼┼┼┼┼┼┼◆

揣情者，必以其甚喜之时，往而极其欲也。其有欲也，不能隐其情，必以其甚惧之时，往而极其恶者。其有恶者，不能隐其情，情欲必出其变。感动而不知其变者，乃且错其人，勿与语，而更问所视，知其所安。夫情变于内者，形见于外，故常必以其见者，而知其隐者，此所谓测深揣情。

鬼谷子：《鬼谷子·揣篇》

有目者必骋望以尽意，当望者必缘情而感时。有待者瞿瞿，忘怀者熙熙。虑深者瞠然若丧，乐极者冲然无违。外徙倚其如一，中纠纷兮若迷。

刘禹锡：《刘禹锡集·望赋》

情者性之动也，百姓溺之而不能知其本者也。圣人者岂其无情邪？圣人者，寂然不动。不往而到，不言而神，不耀而光，制作参乎天地，变化合乎阴阳。虽有情也，未尝有情也。然则百姓者岂其无性邪？百姓之性与圣人之性弗差也，虽然，情之所昏交相攻伐未始有穷。故虽终身而不观其性焉……性之动弗息，则不能复其性，而烛天地为不极之明。

李翱：《复性书·上》

弃我去者，昨日之日不可留；乱我心者，今日之日多烦忧。长风万里送秋雁，对此可以酣高楼。蓬莱文章建安骨，中间小谢又清发。俱怀逸兴壮思飞，欲上青天揽日月。抽刀断水水更流，举杯消愁愁更愁。人生在世不称意，明朝散发弄扁舟。

李白：《李太白全集》

若以名所亲之名，名天下之人，则天下之人皆所亲矣。若以熟所亲之熟，熟天下之人，则天下之人皆所亲矣。胡谓情所专耶？夫无所孝慈者，孝慈天下；有所孝慈者，孝慈一家。一家之孝慈未弊，则以情相苦，而孝慈反为累矣。弊则伪，伪则父子兄弟将有嫌怨者矣。

《无能子·质妄第五》

自昔圣人创物立事，诱动人情，人情失于自然，而夭其性命者纷然矣。

《无能子·老君说第三》

且人生百岁，其间昼夕相半，半忧半乐，又何怨乎？夫冥乎虚而专乎常者，王侯不能为之贵，厮养不能为之贱，玉帛子女不能为之富，藜羹褴褛不能为之贫，则忧乐无所容乎其间矣。动乎情而属乎形者，感物而已矣。物者，所谓富贵之具也。形与物，朽败之本也，情感之而忧乐之无常也。以无常之情，萦朽败之本，寤犹梦也，百年犹一夕也。

《无能子·答通问第一》

古今之人，谓其所亲者血属，是情有所专焉。聚则相欢，离则相思，病则相忧，死则相哭。夫天下之人，与我所亲：手足腹背，耳目口鼻，头颈眉发，一也。何以分别乎彼我哉？所以彼我者，必名字尔。所以疏于天下之人者，不相熟尔，所以亲于所亲者，相熟尔。

《无能子》

至难发者，悔心也；至难持者，亦悔心也。

吕祖谦：《东莱博议·先轸死师》

天下之可惧者，惟出乎利害之外，乃能知之。风涛浩荡，舟中之人不知惧，而舟外之人为之惧。酣醉，怒骂，席上之人不知惧，而席外之人为之惧。身游乎吉凶祸福之途，心战乎抢让争夺之境，未有知惧之为惧者也。

吕祖谦：《东莱博议·楚人灭江》

天地若无情，不生一切物。一切物无情，不能环相生。生生而不灭，由情不灭故。四大皆幻设，性情不虚假。有情疏者亲，无情亲者疏。无情与有情，相去不可量。我欲立情教，教诲诸众生。子有情于父，臣有情于君。推之种种相，俱作如是观。万物如散钱，一情为线索。散钱就索穿，天涯成眷属。若有贼害等，则自伤其情。如睹春花发，齐生欢喜意。盗贼必不作，奸究必不起，佛亦何慈悲，圣亦何仁义。倒却情种子，天地亦混沌。无奈我情多，无奈人情少。愿得有情人，一齐来演法。

冯梦龙：《冯梦龙诗文·情史序》

自来忠教节烈之事，从道理上做者必勉强，从至情上出者必真切。夫妇其最近者也，无情之夫，必不能为义夫；无情之妇，必不能为节妇。世儒但知理为情之范，孰知情为理之维乎。

冯梦龙：《冯梦龙诗文·引·情贞类》

古云："思之思之，鬼神通之。"盖思生于情，而鬼神亦情所结也。使鬼神而无情，则亦魂升而魄降已矣，安所恋恋而犹留鬼神之名耶！鬼有人情，神有鬼情。幽明相入，如水融水。城之颓也，字之留也，亦鬼神所以效情之灵也。噫！鬼神可以情感，而况于人乎。

冯梦龙：《冯梦龙诗文·引·情感类》

语云"欢喜冤家"，冤家由欢喜得也。夫靡不有初，鲜克有终。辟如蠹然，以木为命，还以贼木，忍乎哉！被夫售谗行诳，手自操戈，斯无所蔽罪者矣！乃若垂成而败之，本合而离之，同欢而独据之，他好而代有之，天乎？人乎？是具有冤家在焉！然仇不自我，两人欢喜固在也，以冤家故愈觉欢喜，以欢喜故愈得冤家。况乎情之所钟，万物皆赘；及其失意，四大生憎，仇又不独在冤家矣！不情不仇，一不仇不情。嗟夫，非酌水自饮，亦乌知其冷暖乎哉！

冯梦龙：《冯梦龙诗文·情仇类》

情之为物也，亦尝有意乎锄之矣；锄之不能，而反宥之；宥之不已，而反尊之……情孰为尊？无往为尊，无寄为尊，无境而有境为尊，无指而有指为尊，无哀乐而有哀乐为尊。情孰为畅？畅于声音……凡声音之性，引而上者为道，引而下者非道，引而之于旦阳者为道，引而之于暮夜者非道；道则有出离之乐，非道则有沉沦陷溺之患。

龚自珍：《龚自珍全集·长短言自序》

或以妒正性命，丑忌娇，曲忌直，父亦妒子，妻亦妒夫；或以攻正性命，细攻大，貌攻物，窳攻成，侧攻中。细攻大，将以求大名，侧攻中，将以求中名，谓之舍天下之乐，求天下之不乐。

龚自珍：《龚自珍全集·壬癸之际胎观第四》

人类生活，固然离不了理智；但不能说理智包括尽人类生活的全部内容。此外还有极重要一部分——或者可以说是生活的原动力，就是"情感"。情感表出来的方向很多，内中最少有两件的的确确带有神秘性的，就是"爱"和"美"。"科学帝国"的版图和威权无论扩大到什么程度，这位"爱先生"和那位"美先生"依然永远保持他们那种"上不臣天子，下不友诸侯"的身份。

梁启超：《梁启超选集》

苟无精神生活的人，为社会计，为个人计，都是知识少装一点为好。因为无精神生活的人，知识愈多，痛苦愈甚，作歹事的本领也增多。

梁启超：《梁启超选集》

❖❖❖❖❖❖❖❖❖

离骚者，犹离忧也。夫天者，人之始也；父母者，人之本也。人穷则反本，故劳苦倦极，未尝不呼天也；疾痛惨怛，未尝不呼父母也。屈平正道直行，竭忠尽智以事其居，谗人间之。可谓穷矣。信而见疑，忠而被谤，能无怨乎？

司马迁：《史记·屈原贾生列传》

对酒当歌，人生几何！譬如朝露，去日苦多。慨当以慷，忧思难忘。何以解忧？唯有杜康。青青子衿，悠悠我心。但为君故，沉吟至今，呦呦鹿鸣，食野之苹。我有嘉宾，鼓瑟吹笙，明明如月，何时可辍。忧从中来，不可断绝。越陌度阡，枉用相存。契阔谈宴，心念旧恩。月明星稀，乌鹊南飞。绕树三匝，何枝可依？山不厌高，海不厌深。周公吐哺，天下归心。

曹操：《短歌行》

忧可无乎？无谁以宁！子如不忧，忧日以生。忧不可常，常则谁怿？子常其忧，乃小人戚。敢问忧方，吾将告子：有闻不行，有过不徙；宜言不言，不宜而烦；宜退而勇，不宜而恐。中之诚恳，过又不及。忧之大方，唯是焉急！内不自得，甚泰为忧。省而不疚，虽死优游。所忧在道，不在乎祸。吉之先见，乃可无过，告子如斯，守之勿堕！

柳宗元：《柳宗元集》

苟有能反是者，则又爱之太恩，忧之太勤，且视而暮抚，已去而复顾。甚者爪其肤以验其生枯，摇其本以观其疏密，而木之性日以离矣。虽曰爱之，其实害之；虽曰忧之，其实仇之，故不我若也。

柳宗元：《柳宗元集》

少年辛苦头仍黑，老大优游已白头。识得随缘薪尽理，始知霜鬓不因愁。

严复：《严复集·和荆公怀旧》

世事无端冷淡，老怀何处安排？美人头上插新梅，昨日花枝不戴。粉蝶夸衣径去，黄莺咨舌先回；醉中丢我在尘埃，醒后也无瞅睬。

郑燮：《郑板桥集·警世》

俺也曾，洒了几点国民泪；俺也曾，受了几日文明气；俺也曾，拔了一段杀人机，代同胞愿把头颅碎。俺本是如来座下现身说法的金光游戏，为什么有这儿女妻奴迷？俺真三昧，到于今始悟通天地。走遍天涯，哭遍天涯，愿寻着一个同声气。拿鼓板儿，弦索儿，在亚洲大陆清凉山下，唱几曲文明戏。

陈天华：《猛回头·序》

仁者无所不爱。人之至于无所不爱也，其蔽尽矣。有蔽者必有所爱，有所不爱。无蔽者，无不爱也。子曰："惟仁者能好人，能恶人。"以其无蔽也，夫然犹有恶也。无所不爱，则无所恶矣。故曰："苟志于仁矣，无恶也。"其于不仁也，哀之而已。

苏辙：《栾城集·论语拾遗》

象仁以广居，象义以正路，无象之象也。鬼神也，知也，无藏有也。广其居以象仁，正其路以象义，有象之象也。鬼神之体物也，致知在格物也，有显无也。

仁无有不亲也，惟亲亲之为大，非徒父子之亲亲已也，亦惟亲其所可亲，以至凡有血气之莫不亲，则尊又莫大于斯。尊斯足

144

以正其路，以达天下之路，斯足以象义也。

亲与贤，莫非物也。亲亲而尊贤，以致凡有血气之莫不亲莫不尊，莫非体物也，格物也，成其象以象其象也，有其无以显其藏也。仁义岂虚名哉？广居正路，岂虚拟哉？

何心隐：《何心隐集·仁义》

仁，人也。人人相形，人已乃形。形于上者存乎人，为仁则由已也，颜子事之。形于下者人而仁，仁以为己任也，曾子重之。事仁者必竭才，必短命而死。重仁者必战兢，必死而后已。乃若孔子之为人也，发愤忘食，何竭才耶？乐以忘忧，伺战兢耶？安仁者也，不知老之将至，何死而后已耶？仁者之所以寿也。有志于仁，以默识为宗，识曾耶？识颜耶？识孔耶？抑于已于仁识不识耶？

何心隐：《何心隐集·题仁为己任》

博爱之说，本与周子之旨无大相远。樊迟问仁，子曰："爱人。"爱字何尝不可谓之仁欤？昔儒看古人言语，亦多有因人重轻之病，正是此等处耳。然爱之本体固可谓之仁，但亦有爱得是与不是者，须爱得是，方是爱之本体，方可谓之仁。若只知博爱而不论是与不是，亦便有差处。

王守仁：《王文成公全书·文录二书》

活着的境界

追求与理想

子曰："君子周而不比，小人比而不周。"

孔子：《论语·为政第二》

子曰："君子怀德，小人怀土；君子怀刑，小人怀惠。"

孔子：《论语·里仁第四》

子曰："君子上达，小人下达。"

孔子：《论语·宪问第十四》

子曰："君子不可小知，而可大受也；小人不可大受，而可小知也。"

孔子：《论语·卫灵公第十五》

子曰："三军可夺帅也，匹夫不可夺志也。"

子曰："衣敝缊袍，与衣狐貉者立，而不耻者，其由也与，不忮不求，何用不臧?"

孔子：《论语·子罕第九》

子曰:"君子病无能焉,不病人之不己知也。"

子曰:"君子疾没世而名不称焉。"

孔子:《论语·卫灵公第十五》

子曰:"吾之于人也,谁毁谁誉?如有所誉者,其有所试矣。斯民也,三代之所以直道而行也。"

孔子:《论语·卫灵公第十五》

子绝四:毋意,毋必,毋固,毋我。

孔子:《论语·子罕第九》

子曰:"巍巍乎,舜、禹之有天下也,而不与焉!"

子曰:"大哉,尧之为君也!巍巍乎!唯天为大,唯尧则之。荡荡乎!民无能名焉。巍巍乎!其有成功也。焕乎!其有文章。"舜有臣五人而天下治。武王曰:"予有乱臣十人。"孔子曰:"才难,不其然乎?唐、虞之际,于斯为盛。有妇人焉,九人而已。三分天下有其二,以服事殷。周之德,其可谓至德也已矣。"

子曰:"禹,吾无间然矣。菲饮食,而致孝乎鬼神;恶衣服,而致美乎黻冕;卑宫室,而尽力乎沟洫。禹,吾无间然矣。"

孔子:《论语·泰伯第八》

陈子禽谓子贡曰:"子为恭也,仲尼岂贤于子乎?"子贡曰:"君子一言以为知,一言以为不知。言不可不慎也。夫子之不可及也,犹天之不可阶而升也。夫子之得邦家者,所谓立之斯立,道之斯行,绥之斯来,动之斯和。其生也荣,其死也哀,如之何其可及也?"

孔子:《论语·子张第十九》

樊迟问知。子曰："务民之义，敬鬼神而远之，可谓知矣。"问仁，曰："仁者先难而后获，可谓仁矣。"

子曰："知者乐水，仁者乐山。知者动，仁者静。知者乐，仁者寿。"

孔子：《论语·雍也第六》

子曰："吾尝终日不食，终夜不寝，以思，无益，不如学也。"

孔子：《论语·卫灵公第十五》

大道泛兮，其可左右。万物恃之而生而不辞。功成不名有，衣养万物而不为丰。常无欲，可名于小，万物归焉，而不为主，可名为大。以其终不自力大，故能成其大。

老子：《老子·三十四章》

名与身孰亲？身与货孰多？得与亡孰病？
是故甚爱必大费，多藏必厚亡。
知足不辱，知止不殆，可以长久。

老子：《老子·四十四章》

圣人常无心，以百姓心之为心。
善者，吾善之；不善者，吾亦善之；德善。
信者，吾信之；不信者，吾亦信之；德信。
圣人在天下，歙歙焉，为天下浑其心，圣人皆孩之。

老子：《老子·四十九章》

天下有始，以为天下母。既得其母，以知其子。既知其子，复守其母，没身不殆。

塞其兑，闭其门，终身不勤。开其兑，济其事，终身不救。

见小曰明，守柔曰强。用其光，复归其明，无遗身殃，是为习常。

老子：《老子·五十二章》

不出户，知天下；不窥牖，见天道。其出弥远，其知弥少。是以圣人不行而知，不见而名，不为而成。

老子：《老子·四十七章》

故以身观身，以家观家，以乡观乡，以国观国，以天下观天下，吾何以知天下然哉？以此。

老子：《老子·五十四章》

知不知上，尚矣；不知知病。夫唯病病，是以不病，圣人不病，以其病病。

老子：《老子·七十一章》

管子曰："身不善之患，毋患人莫己知。丹青在山，民知而取之；美珠在渊，民知而取之。是以我有过为，而民毋过命。民之观也察矣，不可遁逃以为不善。故我有善则立誉我，我有过则立毁我，当民之毁誉也，则莫归问于家矣。"

管仲：《管子·小称第三十二》

是谓宽乎形，徒居而致名。出善之言，为善之事，事成而顾反无名。能者无名，从事无事。

管仲：《管子·白心第三十八》

黄金者用之量也，辨于黄金之理则知侈俭，知侈俭则百用节矣。故俭则伤事，侈则伤货。俭则金贱，金贱则事不成，故伤事。侈则金贵，金贵则货贱，故伤货。货尽而后知不足，是不知量也；事已而后知货之有余，是不知节也。不知量，不知节，不可。为之有道。

管仲：《管子·乘马第五》

圣人之所以为圣人者，善分民也。圣人不能分民，则犹百姓也。于己不足，安得名圣？是故有事则用，无事则归之于民，唯圣人为善托业于民。民之生也，辟则惠，闭则类。上为一，下为二。

管仲：《管子·乘马第五》

听之术，曰：勿望而距，勿望而许。许之则失守，距之则闭塞。高山，仰之不可极也；深渊，度之不可测也。神明之德，正静其极也。

管仲：《管子·九守第五十五》

人能止静者，筋韧而骨强，能戴者大圆，体乎大方，镜者大清，视乎大明。止静不失，日新其德，昭知天下，通于四极。全心在中不可匿，外见于形容，可知于颜色。善气迎人，亲如弟兄；恶气迎人，害于戈兵。不言之言，闻于雷鼓。全心之形，明于日月，察于父母。

管仲：《管子·心术下第三十七》

人皆欲智而莫索其所以智。智乎，智乎，投之海外无自夺。求之者不及虚之者。夫圣人无求之也，故能虚。

管仲：《管子·心术上第三十六》

岂无利事哉？我无利心。岂无安处哉？我无安心。心之中又有心。意以先言，意然后形，形然后思，思然后知。凡心之形，过知失生。

管仲：《管子·心术下第三十七》

故曰：知何知乎？谋何谋乎？审而出者彼自来。自知曰稽，知人曰济知苟适，可为天下君；内固之，一可为长久；论而用之，可以为天下王。

管仲：《管子·白心第三十八》

叔向问晏子曰："何若则可谓荣矣？"晏子对曰："事亲孝，无悔往行，事君忠，无悔往辞；和于兄弟，信于朋友，不谄过，不责得；言不相坐，行不相反；在上治民，足以尊君，在下莅修，足以变人，身无所咎，行无所创，可谓荣矣。"

晏婴：《晏子春秋·内篇问下第四》

仲尼曰："君子中庸，小人反中庸。君子之中庸也，君子而时中；小人之中庸也，小人而无忌惮也。"

子思：《中庸》

故曰：圣人休休焉则平易矣，平易则恬淡矣。平易恬淡，则忧患不能入，邪气不能袭，故其德全而神不亏。

庄周：《庄子·刻意》

无行则不信，不信则不任，不任则不利。故观之名，计之利，而义真是也。若弃名利，反之于心，则夫士之为行，不可一日不为乎？

庄周：《庄子·盗跖》

施于人而不忘，非天布也，商贾不齿。虽以事齿之，神者勿齿。

庄周：《庄子·列御寇》

杨朱曰："行善不以为名，而名从之；名不与利期，而利归之；利不与争期，而争及之；故君子必慎为善。"

列御寇：《列子·说符篇》

西方之人有圣者焉，不治而不乱，不言而自信，不化而自行，荡荡乎民无能名焉。

列御寇：《列子·仲尼篇》

众人重利，廉士重名，贤士尚志，圣人贵精。故素也者，谓其无所与杂也；纯也者，谓其不亏其神也。能体纯素，谓之真人。

庄周：《庄子·刻意》

夫水行不避蛟龙者，渔父之勇也；陆行不避兕虎者，猎夫之勇也；白刃交于前，视死若生者，烈士之勇也；知穷之有命，知通之有时，临大难而不惧者，圣人之勇也。

庄周：《庄子·秋水》

故以众小胜为大胜也。为大胜者，唯圣人能之。

庄周：《庄子·秋水》

知天之所为，知人之所为者，至矣！知天之所为者，天而生也；知人之所为者，以其知之所知以养其知之所不知，终其天年而不中道夭者，是知之盛也。虽然，有患。夫知，有所待而后当，其所待者特未定也。庸讵知吾所谓天之非人乎？所谓人之非天乎？且有真人而后有真知。

何谓真人？古之真人不逆寡，不雄成，不谟士，若然者，过而弗悔，当而不自得也。若然者，登高不栗，入水不濡，入火不热，是知之能登假于者也若此。

古之真人，其寝不梦，其觉不忧，其食不甘，其息深深。真人之息以踵，众人之息以喉。屈服者，其嗌言若哇。其耆欲深者，其天机浅。

古之真人，不知说生，不知恶死，其出不欣，其入不距翛然而往。翛然而来而已矣。不忘其所始，不求其所终。受而喜之，忘而复之。是谓之不以心捐道，不以人助天，是之谓真人。若然者，其心志，其容寂，其颡頯。凄然似秋，暖然似春，喜怒通四时，与物有宜而莫知其权。

古之真人，其状峨而不朋，若不足而不承；与乎其觚而不坚也，张乎其虚而不华也；邴邴乎其似喜也，崔乎其不得已乎，滀乎进我色也，与乎止我德也，厉乎其似世也，謷乎其未可制也，连乎其似好闭也，悗乎忘其言也。以刑为体，以礼为翼，以知为时，以德为循。以刑为体者，绰乎其杀也；以礼为翼者，所以行于世也；以知为时者，不得已于事也；以德为循者，言其与有足者至于丘也，而人真以为勤行者也。故其好之也一，其弗好之也一。其一也一，其不一也一。其一与天为徒，其不一与人为徒，天与人不相胜也，是之谓真人。

庄周：《庄子·大宗师》

古之人，其知有所至矣。恶乎至？有以为未始有物者，至矣，尽矣，不可以加矣！其次以为有物矣，而未始有封也。其次以为有封焉，而未始有是非也。是非之彰也，道之所以亏也。道之所以亏，爱之所以成。果且无成与亏乎哉？果且有成与亏乎哉？有成与亏，故昭氏之鼓琴也；无成与亏，故昭氏之不鼓琴也。昭文之鼓琴也，师旷之枝策也，惠子之据梧也，三子之知几乎！皆其盛者也，故载之末年。唯其好之也以异于彼，其好之也欲以明之。彼非所明而明之，故以坚白之昧终，而其子又以文之纶终，终身无成。若是而可谓成乎，虽我亦成也；若是而不谓成乎，物与我无成也。是故滑疑之耀，圣人之所图也。为是不用而寓诸庸，此之谓"以明"。

庄周：《庄子·齐物论》

世之所贵道者，书也。书不过语，语有贵也。语之所贵者，意也，意有所随。意之所随者，不可以言传也，而世因贵言传书。世虽贵之，我犹不足贵也，为其贵非其贵也。故视而可见者，形与色也；听而可闻者，名与声也。悲夫！世人以形色名声为足以得彼之情。夫形色名声，果不足以得彼之情，则知者不言，言者不知，而世岂识之哉！

庄周：《庄子·天道》

仲尼曰："神龟能见梦于元君，而不能避余且之网；知能七十二钻而无遗，而不能避刳肠之患。如是，则知有所困，神有所不及也。虽有至知，万人谋之。鱼不畏网而畏鹈鹕。去小知而大知明，去善而自善矣。婴儿生无石师而能言，与能言者处也。”

庄周：《庄子·外物》

汝不知夫螳螂乎？怒其臂以当车辙，不知其不胜任也，是其才之美者也。戒之，慎之，积伐而美者以犯之，几矣！

庄周：《庄子·人间世》

孟子曰："好名之人，能让千乘之国，苟非其人，箪食豆羹见于色。"

孟子：《孟子·尽心章句下》

欲贵者，人之同心也。人人有贵于己者，弗思耳矣。人之所贵者，非良贵也。赵孟之所贵，赵孟能贱之。《诗》云："既醉以酒，既饱以德。"言饱乎仁义也，所以不愿人之膏粱之味也；令闻广誉施于身，所以不愿人之文绣也。

孟子：《孟子·告子上》

孟子曰："源泉混混，不舍昼夜，盈科而后进，放乎四海，有本者如是，是之取尔。苟为无本，七八月之间雨集，沟浍皆盈；其涸也，可立而待也，故声闻过情，君子耻之。

孟子：《孟子·离娄章名下》

无恒产而有恒心者，惟士为能。若民，则无恒产，因无恒心。苟无恒心，放辟邪侈，无不为已。

孟子：《孟子·梁惠王上》

大人者，不失其赤子之心者也。

孟子：《孟子·离娄下》

规矩，方圆之至也；圣人，人伦之至也。欲为君，尽君道；欲为臣，尽臣道。二者皆法尧舜而已矣。不以舜之所以事尧事君，不敬其君者也；不以尧之所以治民治民，贼其民者也。

孟子：《孟子·离娄上》

可欲之谓善，有诸己之谓信，充实之谓美，充实而有光辉之谓大，大而化之之谓圣，圣而不可知之之谓神。

孟子：《孟子·尽心下》

存乎人者，莫良于眸子。眸子不能掩其恶。胸中正，则眸子了焉；胸中不正，则眸子眊焉。听其言也，观其眸子，人焉瘦哉？

孟子：《孟子·离娄上》

博学而详说之，将以反说约也。

孟子：《孟子·离娄下》

行之而不著焉，习矣而不察焉，终身由之，而不知其道者，众也。

孟子：《孟子·尽心上》

告子曰："不得于言，勿求于心；不得于心，勿求于气。"不得于心，勿求于气，可；不得于言，勿求于心，不可。夫志，气之帅也；气，体之充也。夫志至焉，气次焉；故曰："持其志，无暴其气。"

孟子：《孟子·公孙丑章句上》

万子曰："一乡皆称原人焉，无所往而不为原人，孔子以为德之贼，何哉？"

曰："非之无举也，刺之无刺也，同乎流俗，合乎污世，居之似忠信，行之似廉洁，众皆悦之，自以为是，而不可与人尧舜之道，故曰'德之贼'也。孔子曰：'恶似而非者：恶莠，恐其乱苗也；恶佞，恐其乱义也；恶利口，恐其乱信也；恶郑声，恐其乱乐也；恶紫，恐其乱朱也；恶乡原，恐其乱德也，君子反经而已矣。经正，则庶民兴；庶民兴，斯无邪慝矣。

孟子：《孟子·尽心下》

君子能亦好，不能亦好；小人能亦丑，不能亦丑。君子能则宽容易直以开道人，不能则恭敬尊绌以畏事人；小人能则倨傲避违以骄溢人，不能则妒嫉怨诽以倾覆人。故曰：君子能则人荣学焉，不能则人乐告之；小人能则人贱学焉，不能则人羞告之。是君子、小人之分也。

荀况：《荀子·不苟》

口能言之，身能行之，国宝也。口不能言，身能行之，国器也。口能言之，身不能行，国用也。口言善，身行恶，国妖也。治国者敬其宝，爱其器，任其用，除其妖。

荀况：《荀子·大略》

荣辱之大分，安危利言之常体：先义而后利者荣，先利而后义者辱；荣者常通，辱者常穷；通者常制人，穷者常制于人，是荣辱之在分也。材悫者常安利，荡悍者常危害；安利者常乐易，危害者常忧险；乐易者常寿长，忧险者常夭折，是安危利害之常体也。

荀况：《荀子·荣辱》

子路入。子曰：“由，知者若何？仁者若何?”子路对曰：“知者使人知己，仁者使人爱己。”子曰：“可谓士矣。”子贡入。子曰：“赐，知者若何？仁者若何?”子贡对曰：“知者知人，仁者爱人。”子曰：“可谓士君子矣。”颜渊入。子曰：“回，知者若何！仁者若何?”颜渊对曰：“知者自知，仁者自爱。”子曰：“可谓明君子矣。”

荀况：《荀子·子道》

圣人何以不可欺？曰：圣人者，以己度者也。故以人度人，以情度情，以类度类，以说度功，以道观尽，古今一也。类不悖，虽久同理，故乡乎邪曲而不迷，观乎杂物而不惑，以此度之。

荀况：《荀子·非相》

皆有可也，知愚同；所可异也，知愚分。執同而知异，行私而无祸，纵欲而不穷，则民心奋而不可说也。

荀况：《荀子·富国》

得道之人，贵为天子而不骄倨，富有天下而不骋夸，卑为布衣而不瘁摄，贫无衣食而不忧摄，狠乎其诚自有也，觉乎其不疑有以也，桀乎其必不渝移也，循乎其与阴阳化也，匆匆乎其心之坚固也，空空乎其不为巧故也，迷乎其志气之远也，昏乎其深而不测也，确乎其节之不庳也，就就乎其不肯自是，鹄乎其羞用智虑也，假乎其轻俗诽誉也，以天为法，以德为行，以道为宗，与物变化而无所终穷，精充天地而不竭，神覆宇宙而无望，莫知其始，莫知其终，莫知其门，莫知其端，莫知其源，其大无外，其小无内，此之谓至贵。

《吕氏春秋·下贤》

世之所不足者，理义也；所有余者，妄苟也。民之情，贵所不足，贱所有余。故布衣人臣之行，洁白清廉中绳，愈穷愈荣。虽死，天下愈高之，所不足也。

《吕氏春秋·离俗》

石可破也，而不可夺坚；丹可磨也，而不可夺赤。坚与赤，性之有也。性也者，所受于天也，非择取而为之也。豪士之自好者，其不可漫以污也，亦犹此也。

《吕氏春秋·诚廉》

言者，以谕意也。言意相离，凶也。乱国之俗，甚多流言，而不顾其实，务以相毁，务以相誉，毁誉成党，众口熏天，贤不肖不分，以此治国，贤主犹惑之也，又况乎不肖者乎？

《吕氏春秋·离谓》

故君子责人则以人，自责则以义。责人以人则易足，易足则得人；自责以义则难为非，难为非则行饰；故任天地而有余。不肖者则不然，责人则以义，自责则以人。责人以义则难瞻，难瞻则失亲；自责以人则易为，易为则行苟。

《吕氏春秋·举难》

人之少也愚，其长也智。故智而用私，不若愚而用公。日醉而饰服，私利而立公，贪戾而求王，舜弗能为。

《吕氏春秋·贵公》

天无私覆也，地无私载也，日月无私烛也，四时无私行也，引其德而万物得遂长焉。

……庖人调和而弗敢食，故可以为庖。若使庖人调味而食之，则不可以为庖矣。王伯之君亦然，诛暴而不私，以封天下之贤者，故可以为王伯；若使王伯之君诛暴而私之，则亦不可以为王伯矣。

吕不韦：《吕氏春秋·去私》

若此人者：不言而信，不谋而当，不虑而得；精通乎天地，神覆乎宇宙；其於物无不受也，无不裹也，若天地然；上为天子而不骄，下为匹夫而不昏；此之谓全德之人。

吕不韦：《吕氏春秋·本生》

人莫不以其生生，而不知其所以生。人莫不以其知知，而不知其所以知。知其所以知之谓知道，不知其所以知之谓弃宝，弃宝者必离其咎。

《吕氏春秋·侈乐》

凡物之然也，必有故。而不知其故，虽当与不知同，其卒必困。先王名士达师之所以过俗者，以其知也。

《吕氏春秋·审己》

故曰不出于户而知天下，不窥于牖而知天道。其出弥远者，其知弥少。故博闻之人，强识之士阙矣，事耳目、深思虑之务败矣，坚白之察，无厚之辩外矣。不出者，所以出之也；不为者，所以为之也。此之谓以阳召阳，以阴召阴。

《吕氏春秋·君守》

夫得言不可以不察，数传而白为黑，黑为白。故狗似玃，玃似母猴，母猴似人，人之与狗则远矣。此愚者之所以大过也。闻而审则为福矣，闻而不审，不若无闻矣。

凡闻言必熟论，其于人必验之以理。

《吕氏春秋·察传》

故察己则可以知人，察今则可以知古，古今一也，人与我同耳。有道之士，贵以近知远，以今知古，以益所见，知所不见。故审堂下之阴，而知日月之行、阴阳之变；见瓶水之冰，而知天下之寒、鱼鳖之藏也；尝一脟肉，而知一镬之味、一鼎之调。

《吕氏春秋·察今》

今以百金与抟黍以示儿子，儿子必取抟黍矣；以和氏之璧与百金以示鄙人，鄙人必取百金矣；以和氏之璧、道德之至言以示贤者，贤者必取至言矣。其知弥精，其所取弥精，其知弥粗，其所取弥粗。

《吕氏春秋·异宝》

故败莫大于愚。愚之患，在必自用，自用则戆陋之人从而
贺之。

《吕氏春秋·上客》

今有道之士，虽中外信顺，不以诽谤穷堕；虽死节轻财，不
以侮罢羞贪；虽义端不党，不以去邪罪私；虽势尊衣美，不以夸
贱欺贫。其故何也？使失路者而肯听习问知，即不成迷也。

韩非：《韩非子·解老》

解狐荐其仇于简主以为相，其仇以为且幸释已也，乃因往拜
谢，狐乃引弓送而射之，曰："夫荐汝公也，以汝能当之也，夫
仇汝，吾私怨也，不以私怨之故拥汝于吾君。故私怨不入公门。"

韩非：《韩非子·外储说下》

私义行则乱，公义行则治，故公私有分。人臣有私心，有公
义；修身洁白，而引公引正，居官无私，人臣之公义也；污行从
欲，安身利家，人臣之私心也。明主在上，则人臣去私心，行公
义；乱主在上，则人臣去公义，行私心。

韩非：《韩非子·饰邪》

而圣人者，审于是非之实，察于治乱之情也。故其治国也，
正明法，陈严刑，将以救群生之乱，去天下之祸，使强不凌弱，
众不暴寡，耆老得遂，幼孤得长，边境不侵，君臣相安，父子相
保，而无死亡系虏之患，此亦功之至厚者也。

韩非：《韩非子·奸劫弑臣》

夫马之所以能任重引车致远道者，以筋力也。万乘之主，千乘之君所以制天下而征诸侯者，以其威势也。威势者，人主之筋力也。

韩非：《韩非子·人主》

澹台子羽，尹子之容也。仲尼人而取之，与处久而行不称其貌。宰予之辞，雅而文也，仲尼人而取之，与处而智不充其辩。故孔子曰："以容取人乎，失之子羽；以言取人乎，失之宰予。"……夫视锻锡而察青黄，区冶不能以必剑；水击鹄雁，陆断驹马，则臧获不疑钝利，发齿吻形容，伯乐不能以必马；授车就驾而观其末涂，则臧获不疑驽良。观容服，听辞言，仲尼不能以必士；试之官职，深其功伐，则庸人不疑于愚智。

韩非：《韩非子·显学》

人皆寐，则盲者不知，皆默，则喑者不知。觉而使之视，问而使之对，则喑盲者穷矣。不听其言也，则无术者不知；不任其身也，则不肖者不知；听其言而求其当，任其身而责其功，则无术不肖者穷矣。

韩非：《韩非子·六反》

言之为物也以多信，不然之物，十人云疑，百人然乎，千人不可解也。呐者言之疑，辩者言之言。

韩非：《韩非子·八经》

古之人目短于自见，故以镜观面；智短于自知，故以道正己。故镜无见疵之罪，道无明过之恶。目失镜则无以正须眉，身失道则无以知迷惑。

韩非：《韩非子·观引》

不以智累心，不以私累己；寄治乱于法术，托是非于赏罚，属轻重于权衡，不逆天理，不伤情性，不吹毛而求小疵，不洗垢而察难知，不引绳之外，不推绳之内，不急法之外，不缓法之内，守成理，因自然；祸福生乎道法，而不出乎爱恶，荣辱之责，在乎己而不在乎人。

韩非：《韩非子·大体》

无参验而必之者，愚也，弗能必而据之者，诬也。故明据先王，必定尧、舜者，非愚则诬也。

韩非：《韩非子·显学》

谨修所事，待命于天。毋失其要，乃为圣人。圣人之道，去知去巧，智巧不去，难以为常。

韩非：《韩非子·扬权》

且夫物众而智寡，寡不胜物智不足以遍知物，故因物以治物。下众而上寡。寡不胜众者，言君不足以遍知臣也，故因人以知人。

韩非：《韩非子·难三》

不知冒阴之可以无景，而患景之不匿，不知无措之可以无患，而患措之不巧，岂不哀哉！未有抱伪怀奸，而身立清世。匿非藏情，而信著明君者也。是以君子既有其质，又睹其鉴，贵夫亮达，希而存之，恶夫务吝，弃而远之，言无苟讳，而行无苟德，不以爱之而苟善，不以恶之而苟非，心无所矜，而情无所系，体清神正，而是非允当，忠感明于天子，而信笃乎万民，寄胸怀于八荒，垂坦荡以永日，斯非贤人君子高行之美异乎！

嵇康：《释私论》

　　夫至人之用心，固不存于有措矣。是故伊尹不惜贤于殷汤，故世济而名显。周旦不顾嫌而隐行，故假摄而化隆。夷吾不匿情于齐恒，故国霸而主尊。其用心，岂为身而系乎私哉？故管子曰：君子行道，忘其为身，斯言是矣。君子之行贤也，不察于度而后行也。任心无穷，不识于善而后正也。显情无措，不论于是而后为也。是故傲然忘贤，而贤与庆会；忽然任心，而心与善遇；傥然无措，而事与是俱也。故论公私者，虽云志道存善，口无凶邪，无所怀而不匿者，不可谓无私，虽欲之伐善。情之违道，无所抱而不显者，不可谓不公。今执必公之理，以绳不公之情，使夫虽为善者，不离于有私；虽欲之伐善，不陷于不公，重其名而贵其心，则是非之情，不得不显矣。夫是非必显，有善者无匿情之不是，有非者不加不公之大非，无不是则善莫不得，无大非则莫过其非，乃所以救其非也。非徒尽善，亦所以厉不善也。夫善以尽善，非以救非；而况乎以是非之至者。故善之与不善，物之至者也。若处二物之间，所在者，必以公成而私败。同用一器，而有成败，夫公私者，成败之途，而吉凶之门也。

嵇康：《嵇康集·释私论》

　　山不在高，有仙则名。水不在深，有龙则灵。斯是陋室，惟吾德馨。苔痕上阶绿，草色入帘青。谈笑有鸿儒，往来无白丁。

可以调素琴，阅金经。无丝竹之乱耳，无案牍之劳形。南阳诸葛庐，西蜀子云亭，孔子云："何陋之有？"

刘禹锡：《陋室铭》

是知当轴者易生嫌，而退身者易为誉。易生之嫌，不足贬也。易为艺誉，不足多也。在辨其所处而已。

刘禹锡：《刘禹锡集·杂著》

劳生共乾坤，何处异风俗？冉冉自趋竞，行行见羁束。无贵贱不悲，无富贫亦足。万古一骸骨，邻家递歌哭，鄙夫到巫峡，三岁如转烛。全命甘留滞，忘情任荣辱。朝班及暮齿，日给还脱粟。编蓬石城东，采药山北谷。用心霜雪间，不必条蔓绿。非关故安排，曾是顺幽独。达士如弦直，小人似钩曲，曲直吾不知，负暄候樵牧。

杜甫：《杜工部集·写怀二首》

俄顷风定云墨色，秋天漠漠向昏黑。布衾多年冷似铁，娇儿恶卧踏里裂。床头屋漏无干处，雨脚如麻未断绝。自经丧乱少睡眠，长夜沾湿何由彻！安得广厦千万间，大庇天下寒士俱欢颜，风雨不动安如山。呜呼！何时眼前突兀见此屋？吾庐独破受冻死亦足！

杜甫：《杜工部集·茅屋为秋风所破歌》

覆帱之间，首圆足方，窃盗圣人之教，甚于鼠者有之矣。若时不容端人，则白日之下，故得骋于阴私。故桀朝鼠多而关龙逢斩；纣朝鼠多而王子比干剖；鲁国鼠多而仲尼去；楚国鼠多而屈原沉。以此推之，明小人道长，而不知用君子以正之，犹向之鼠窃，而不知用狸而止遏，纵其暴横，则五行七曜亦必反常于天矣，岂直流患于人间耶！

《全唐文》

夫有生所甚重者，身也；得轻用者，忠与义也。后身先义，仁也；身可杀，名不可死，志也。大凡捐生以趣义者，宁豫期垂名不朽而为之？虽一世成败，亦未必济也，要为重所与，终始一操，虽颓嵩、岱，事吾厌也。夷、齐排周存商，商不害亡，而周以兴。两人至饿死不肯屈，卒之武王蒙惭德，而夷、齐为得仁，仲尼变色言之，不敢少损焉。故忠义者，真天下之大闲欤！奸鈇逆鼎，搏人而肆其毒，然杀一义士，则四方解情，故乱臣贼子赧然疑沮而不得逞。何哉？欲所以为彼者，而为我也。义在与在，义亡与亡，故王者常推而褒之，所以砥砺生民而窒不轨也。虽然，非烈丈夫，曷克为之？彼委靡软熟，偷生自私者，真畏人也哉！

《新唐书·列传第一百一十六》

甚矣，至治之君不世出也！禹有天下，传十有六王，而少康有中兴之业。汤有天下，传二十八王，而其甚盛者，号称三宗。武王有天下，传三十六王，而成、康之治与宣之功，其余无所称焉；虽《诗》、《书》所载，明有阙略，然三代千有七百余年，传七十余君，其卓然著见于后世者，此六七君而已。呜呼，可谓难得也！唐有天下，传世二十，其可称者三君，玄宗、宪宗皆不克其终，盛哉，太宗之烈也！其除隋之乱，比迹汤、武；政治之美，庶几成、康。自古功德兼隆，由汉以来未之有也。至其牵于多爱，复立浮图，好大喜功，勤兵于远，此中材庸主之所常为。然《春秋》之法，常责备于贤者，是以后世君子之欲成人之美者，莫不叹息于斯焉。

欧阳修、宋祁：《新唐书·本纪第二》

论曰：君子之所以大过人者，非以其智能知之，强能行之也。以其功兴，而民劳与之同乐，功成而民乐与之同乐，如是而已矣。富贵安逸者，天下之所同好也，然而君子独享焉，享之而安，天下以为当然者，何也？天下知其所以富贵安逸者，凡以庇覆我也。贫贱劳苦者，天下之所同恶也，而小人独居焉，居之而安，天下以为当然者，何也？天下知其所以贫贱劳苦者，凡以生全我也。

苏轼：《苏东坡全集·既醉备五福论》

子曰：君子虑及天下后世，后世不止乎一身者，穷理而不尽性也。小人以一朝之忿，曾身之不遑恤，非其性之尽也。

程颐、程颢：《二程集》

或问："人有耻不能之心，可乎？"

子曰："耻不能而为之，可也；耻不能而隐之，不可也。至于疾人之能，又大不可也。若夫小道曲艺，虽不能焉，君子不耻也。"

程颐、程颢：《二程集》

公则一，私则万殊，至当归一，精义无二，人心不同如面，只是私心。人不能被动思虑，只是吝，吝故无浩然之气。

程颐、程颢：《二程集·遗书》

171

气直养而无害，便塞乎天地之间，有少私意，即是气亏。无不义便是集义，有私义便是馁。心具天德，心有不尽处，便是天德处未能尽，何缘知性知天？尽己心，则能尽人尽物，与天地参，赞化育。赞一本无赞字，则直养之而已。

程颐、程颢：《二程集·遗书》

舍己从人，最为难事。己者，我之所有，虽痛舍之，犹惧守己者固而从人者轻也。

程颐、程颢：《二程集·遗书》

子曰："以私己为心者，枉道拂理，诌曲邪伎，无所不至，不仁敦甚焉！

程颐、程颢：《二程集》

语小人曰不违道，则曰不违道，然是违道。语君子曰不违道，则曰不违道，终不肯违道。譬如牲牢之味，君子曾尝之，说与君子，君子须增爱；说与小人，小人非不道好，只是无增爱之心，其实只是未知味。"守死善道"，人非不知，终不肯为者，只是知之浅，信之未笃。

程颐、程颢：《二程集·遗书》

子曰：圣人之德，无所不盛。古之称圣人者，自其尤盛而言之。尤盛者，见于所遇也。而或以为圣人有能有不能，非知圣人者也。

子曰：圣人责人缓而不迫，事正则已矣。

或问：群子之与小人处也，必有侵凌困辱之患，则如之何？

曰："于是而能反己，兢谨以远其祸，则德益进矣。《诗》中曰：'他山之石，何以攻玉？'"

程颐、程颢：《二程集》

学者固当勉强，然不致知，怎生行得？勉强行者，安能持久？除非烛理明，自然业循理。性本善，循理而行是须理事，本亦不难，但为人不知，旋安排着，便道难也。知有多少般数，煞有深浅。向亲见一人，曾为虎所伤，因言及虎，神色便变。旁有数人，见佗说虎，虽不知虎之猛可畏，然不如佗说了有畏惧之色，盖真知虎者也。学者深知亦如此。

程颐、程颢：《二程集·遗书》

知至则当至之，知终则当遂终之，须以知为本。知之深，则行之必至，无有知之而不能行者。知而不能行，只是知得浅。饥而不食乌喙，人不蹈水火，只是知。人为不善，只为不知。知至而至之，知几之事，故可与几。知终而终之，故可与存义。知至是致知，博学、明辨、审问、慎思、皆致知，知至之事，笃行便是终之。如始条理，终条理，因其始条理，故能终条理，犹知至即能终之。

程颐、程颢：《二程集·遗书》

但古之圣贤，从根本上便有惟精惟一功夫，所以能执其中，彻头彻尾无不尽善。后来所谓英雄，则未尝有此功夫，但在利欲场中头出头没，其质美者乃能有所暗合，而随其分数之多少以有所立，然其或中或否，不能尽善，则一而已。

陈亮：《陈亮集·寄陈同甫书之九》

盖圣人者，金中之金也；学圣人而不至者，金中犹有铁也。

陈亮：《陈亮集·与陈同甫书之九》

考论人物，要当循其事变而观之，不可以一律例也。评后世之人物，一绳以帝王盛德，则自秦汉以下殆无完人矣。寒暑之推移，天下不能以常春；晦明之变迁，日不能以常昼。肘乎皆唐、虞、三代也，君心退藏于道德之密，民俗优游于德化之中，固不容专以功名也。奈之何秦人挈宇宙而鼎镬之，生民之无聊甚矣。当是时也，苟有人出而拯之于水火之中，措之衽席之上，而子子孙孙，第第相承，又皆有以覆护培植之，使其父子兄弟得以相保相安于闾里之间，若是而犹口无功，可不可耶？若是而犹欲辨其德而掩其功，是亦不恕而已矣。

陈亮：《陈亮集》

古之所谓英豪之士者，必有过人之智。两军对垒，临机料之，曲折备之，此未足为智也。天下有奇智者，运筹于掌握之间，制胜于千里之外，其始若甚茫然，而其终无一不如其言者，此其谙历者甚熟而所见者甚远也。故始而定计也，人咸以为诞；已而成功也，人咸以为神。徐而究之，则非诞非神，而悉出于人情，顾人弗之察耳。

陈亮：《陈亮集·酌古论》

天下之事，众人之所不敢为者，有一人焉奋身而出为之，必有术以处乎此矣。虎者，人之所共畏而不敢肆者也，而善养虎者狎而玩之，如未始有可畏者，此岂病狂也哉，盖其力足以制之，而又能去其爪牙，啖其肉饵，使之甘心焉，故虽驱而用之，而垂耳下首，卒不敢动。何者？有术以縻其心也。

陈亮：《陈亮集·酌古论》

天下之事，最为难应者，百万之众卒然临之，而群情有不测之忧：坐观其来而望风清命，则惧至于失吾之大计；起而欲拒之，而又惧力之不足而反为大患。唯英雄之君，为能出身以当之，而其气不慑。观其势，审其人，随其事变而沛然应之，切中机会而未尝有失。此固非侥幸于或成而畏谨者之所能为也。故吾欲拒之，则以至寡当至众，而吾能保其必胜；而不能拒之，则啖以甘言，济以深谋，而彼必不敢动。二者之所为不同，而均于有成效。

陈亮：《陈亮集·酌古论》

英雄之士，能为智者之所不能为，则其未及为者，盖不可以常理论矣。骐骥之马，足如奔风，升高不轩，履湿不濡，度山越堑，瞬息千里，而适值一马，盖亦能然，则虽有此骏，而不足以胜之也，于是驾以轻车，鸣以和鸾，步骤中度，缓急中节，锵锵乎道路之间，能行千里而能不行，虽无一时之骏，而久则有万全之功。何者？吾乘其所能而出其所不能，可以扼其喉而夺其气也。且谲诈无方，术略横出，智者之能也。去诡诈而示之以大义，置术略而临之以正兵，此英雄主事，而智者之所不能为矣。

陈亮：《陈亮集·酌古论》

天地之间，何物非道？赫日当空，处处光明。闭眼之人，开眼即是，岂举世皆盲，便不可与共此光明乎！眼盲者摸索得着，故谓之暗合，不应二千年之间有眼皆盲也。

陈亮：《陈亮集·又乙巳秋书（与朱熹)》

大抵才智之在人，非能用之为难，而不能尽用之为难。

陈亮：《陈亮集·汉论》

烈士让千乘，贪夫争一文，人品星渊也，而好名不殊好利；天子营家国，乞人号饔飧，位分霄壤也，而焦思何异焦声？

洪应明：《菜根谭》

忧勤是美德，太苦则无以适性怡情；淡泊是高风，太枯则无以济人利物。

节义傲青云，文章高白雪，若不能德性陶熔之，终为血气之私，技艺之末。

洪应明：《菜根谭》

毁人者不美，而受人之毁者遭一番讪谤便加一番修省，可释回而增美；欺人者非福，而受人欺者遇一番横逆便长一番器宇，可以转祸而为福。

荣与辱共蒂，厌辱何须求荣？生与死同根，贪生不必畏死。

曲意而使人喜，不若直节而使人忌；无善而致人誉，不如无恶而致人毁。

洪应明：《菜根谭》

完名美节，不宜独任，分些与人，可以远害全身；辱行污名，不宜全推，引些归己，可以韬光养德。

洪应明：《菜根谭》

大聪明的人，小事必朦胧；大懵懂的人，小事必伺察。盖伺察司懵懂之根，而朦胧正聪明之窟也。

富贵家宜宽厚，而反忌刻，是富贵而贫贱其行，如何能享？聪明人宜敛藏，而反炫耀，是聪明而愚懵，其病如何不叹？

鱼网三设，鸿罹其中；螳螂之贪，雀又乘其后；机里藏机，变外生变，智巧何足恃哉！

贞士无心缴福，天即就无心处牖其衷；险人著意避福，天即就著意中夺其魄。可见天之机权最神，人之智巧何益？

洪应明：《菜根谭》

《书》称麟凤，称其出类也。夫麟凤之希奇，实出鸟兽之类，亦犹芝草之秀异，实出草木之类也。虽曰希奇秀异，然亦何益于人世哉！意者天地之间，本自有一种无益于世而可贵者，如世之所称古董是耶？今观古董之为物，于世何益也？失圣贤之生，小大不同，未有无益于世者。苟有益，则虽服箱之牛，司晨之鸡，以至一草一木，皆可珍也。

李贽：《焚书·人物》

我之恶恶虽严，然非实察其心术之微，则不敢有恶也。纵已恶其人，苟其人或又出半言之善焉，或又有片行之当焉，则我之旧怨尽除，而亲爱又随之矣。若其人果贤，则初未尝不称道其贤，而欲其亟用之也。何也？天之生才实难，故我心唯恐其才不得用也，曷敢怨也。是以人虽怨我，而欲害我报我者终少，以我心之直故也。

李贽：《焚书·人物》

南来北去何时了？为利为名无了时。为利为名满世间，南来北去正相宜。朔风三月衣裳单，塞上行人忍冻难。好笑山中观静者，无端绝塞受风寒。谓余为利不知余，渭渠为名岂识渠。非名非利一事无，奔走道路胡为乎？试问长者真良图，我愿与世名利徒，同歌帝力乐康衢。

李贽：《焚书·朔风谣》

所谓短见者，谓所见不出闺阁之间；而远见者则深察乎昭旷之原也。短见者只见得百年之内，或近而子孙，又近而一身而已；远见则超于形骸之外，出乎死生之表，极于百万千亿劫不可算数譬喻之域是已。短见者祇听得街谈巷议，市井小人之语；而远见则能深畏乎大人，不敢侮于圣言，更不惑于流俗憎爱之口是也。

李贽：《焚书·答以女人学道为见短书》

人之性有本恶者，荀子之论，特一偏耳，未可尽非也。小人于事之可以为善者，亦必不肯为；于可以从厚者，亦必出于薄。故凡与人处，无非害人之事。如虎豹毒蛇，必噬必螫，实其性然耳。孔子曰："唯上智与下愚不移。"圣人之言，万世无弊者也。《易》曰："小人革面。"小人仅可使之革面，已为道化之极。若欲使之豹变，尧、舜亦不能也。

归有光：《震川先生集·杂文》

胸中鄙窄，不能容物，只是名利心未除。利心在，一切利害得以动我；名心在，则一切称讥足以动我，又何观天下之理，而顺万物之应乎？

黄宗羲：《黄宗羲全集·子刘子学言》

忽有告我者曰:"或谤汝,则将应之?"曰:"某未之闻也,果有之,吾反吾罪焉。"又有告我者曰:"我欲聚众而辱汝,则将应之?"曰:"夫夫也,亦何至于是。果有之,吾反吾罪焉。""忽遇谤且辱我者于前,则何如?"曰:"敢请某之罪。"不得,则回车而避。"既解仇焉,则何如?"曰:"择其善者而与之,其不善者而去之。""然则唾面而干者是乎?"刘子抚然曰:"非谓此也,吾将励人以进吾学也。"

黄宗羲:《黄宗羲全集·子刘子学言》

世道昌明之日,其君子必身任天下之劳,而遗小人以逸;世道艰危之日,其君子必身犯天下之害,而遗小人以利。当君子小人相安之日,则恬者必为君子,竞者必为小人;当君子小人争胜之日,则胜者必为小人,负者必为君子。然则治乱之数,又谁制之乎?曰:"制于人。"以君子而与小人争,是亦小人而已矣。斯乱之道也。

黄宗羲:《黄宗羲全集·子刘子学言》

人须于贫贱患难上立得住脚,克制粗暴,使心性纯然,上不怨天,下不怨天,物我两忘,惟知有理而已。

黄宗羲:《明儒学案·崇仁学案一》

雨村道:"天地生人,除大仁大恶两种,余者皆无大异。若大仁者,则应运而生,大恶者,则应劫而生。运生世治,劫生世危。尧、舜、禹、汤、文、武、周、召、孔、孟、董、韩、周、程、张、朱,皆应运而生者。蚩尤、共工、桀纣、始皇、王莽、曹操、桓温、安禄山、秦桧等,皆应劫而生者。大仁者,修治天下;大恶者,挠乱天下。清明灵秀,天地之正气,仁者之所秉也；残忍乖僻，天地之邪气，恶者之所秉也。"

曹雪芹、高鹗：《红楼梦》

循理者为君子，徇欲者为小人；存诚者为君子，作伪者为小人。《论语》"喻义"章：《大学》"诚意"章，言之尽矣。

刘熙载：《刘熙载论艺六种·人品》

世俗之情，富者常畏其贫贪，故贤贫之不受者，己必富而吝者；贪者常畏富吝，故贤富之乐施者，己必贫而贪者也。

刘熙载：《刘熙载论艺六种·封难》

要成己，又要忘己，已有公私大小故也。

克己乃得为仁。由己之己无我，乃得万物皆备之我。

克己，"己"原字细。如希圣、希贤，原学者本分内事。但有些自圣自贤之意，便是己也。

刘熙载：《刘熙载论节六种·克治》

胸中无事，胸中有事，孰是孰非，骤难辨异。最上当如，壶公玉壶：日月则有，晦昧全无。

刘熙载：《刘熙载论艺六种·胸中赞》

天地与其所产焉，物也。物以物其所物而不过焉，实也。实以实其所实而不旷焉，位也。出其所位非位，位其所位焉，正也。

以其所正，正其所不正；不以其所不正，疑其所正。其正者，正其所实也；正其所实者，正其名也。

其名正则唯乎其彼此焉。谓彼而彼不唯乎彼，则彼谓不行；谓此而此不唯乎此，则此谓不行。其以当不当也。不当而当，乱也。

故彼彼止于彼，此此止于此，可。彼此而彼且此，此彼而此且彼，不可。

夫名，实谓也。知此之非此也，知此之不在此也。则不谓也；知彼之非彼也，知彼之不在彼也，则不谓也。

公孙龙：《公孙龙子·名实论》

嗟尔幼志，有以异兮；独立不迁，岂不可喜兮！
深固难徙，廓其无求兮；苏世独立，横而不流兮。
闭心自慎，终不失过兮；秉德无私，参天地兮。
愿岁并谢，与长友兮；淑离不淫，梗其有理兮。

屈原：《楚辞·九章·橘颂》

所谓贤人君子者，非必高位厚禄，富贵荣华之谓也，此则君子之所宜有，而非其所以为君子者也。所谓小人者，非必贫贱冻馁辱阨穷之谓也，此则小人之所宜处，而非其所以为小人者也。奚以明之哉？夫桀、纣者，夏殷之君王也，崇侯、恶来，天子之三公也，而犹不免于小人者，以其心行恶也。伯夷、叔齐，饿夫也，傅说胥靡而井伯虞虏也，然世犹以为君子者，以为志节美也。故论士苟定于志行，勿以遭命，则虽有天下，不足以为重，无所用不足以为轻，处隶圉不足以为耻，抚四海不足以为荣，况乎其未能相县若此者哉！故曰：宠位不足以尊我，而卑贱不足以卑己。夫令誉从我兴，而二命自天降之。《诗》云："天实为之，谓之何哉！"故君子未必富贵，小人未必贫贱。或潜龙未用，或亢龙在天，从古以然。

王符：《潜夫论·论荣》

　　所谓贤人君子者，非必高位厚禄富贵荣华之谓也，此则君子之所宜有，而非其所以为君子者也。所谓小人者，非必贫贱冻馁辱阨穷之谓也，此则小人之所宜处，而非其所以为小人者。奚以明之哉？夫桀、纣者，夏、殷之君王也，崇侯、恶来，天子之三公也，而犹不免于小人者，以其心行恶也。伯夷、叔齐，饿夫也，傅说胥靡，而井伯虞虏也，然世犹以为君子者，以为志节美也。故论士苟定于志行，勿以遭命，则虽有天下不足以为重，无所用不足以为轻，处隶圉不足以为耻，抚四海不足以为荣。况乎其未能相悬若此者哉？故曰：宠位不足以尊我，而卑贱不足以卑己。

王符：《潜夫论·论荣》

　　夫君子直道而行，知必屈辱而不避也。故行不敢苟合，言不为苟容，虽无功于世而名足称也；虽言不用于国家而举措之言可法也。

陆贾：《新语·辩惑第五》

　　夫邪曲之相衔，枉桡之相错，正直故不得容其间。谄佞之相扶，逸口之相誉，无高而不可上，无深而不可往者何，以党辈众多而辞语谐合，夫众口之毁誉，浮石沉木。群邪所抑，以直为曲。视之不察，以白为黑。夫曲直之异形，白黑之殊色，乃天下之易见也。然而目缪心惑者，众邪误之矣。

陆贾：《新语·辩惑第五》

用其言，弃其身，古人所耻。凡有一言一行，取于人者，皆显称之，不可窃人之美，以为己力；虽轻虽贱者，必归功焉。窃人之财，刑辟之所取，窃人之美，鬼神之所责。

颜之推：《颜氏家训·慕贤》

四海悠悠，皆慕名者，盖因其情而致其善耳。抑又论之，祖考之嘉名美誉，亦子孙之冕服墙宇也，自古及今，获其庇荫者亦众矣。夫修善立名者，亦犹筑室树果，生则获其利，死则遗其泽。世之汲汲者，不达此意，若其与魂爽俱升，松柏偕茂者，惑矣哉！

颜之推：《颜氏家训·名实》

名之与实，犹形之与影也。德艺周厚，则名必善焉；容色姝丽，则影必美焉。今不修身而求令名于世者，犹貌甚恶而责妍影于镜也。上士忘名，中士立名，下士窃名。忘名者，体道合德，享鬼神之福佑，非所以求名也；立名者，修身慎行，惧荣观之不显，非所以让名也；窃名者，厚貌深奸，干浮华之虚称，非所以得名也。

颜之推：《颜氏家训·名实》

吾见世人，清名登而金贝入，信誉显而然诺亏，不知后之矛戟，毁前之干橹也。宓子贱云："诚于此者形于彼。"人之虚实真伪在乎心，无不见乎迹，但察之未熟耳。一为察之所鉴，巧伪不如拙诚，承之以羞大矣。伯石让卿，王莽辞政，当于尔时，自以巧密；后人书之，留传万代，可为骨寒毛竖也。近有大贵，孝悌著声，前后居丧，哀毁逾制，亦足以高于人矣。而尝以苦块之中，以巴豆涂脸，遂使成疮，表哭泣之过。左右童竖，不能掩之，益使外人谓其居处饮食，皆为不信。以一伪丧百诚者，乃贪名不已故也。

颜之推：《颜氏家训·名实》

古人云："千载一圣，犹旦暮也；五百年一贤，犹比膊也。"言圣贤之难得，疏阔如此。傥遭不世明达君子，安可不攀附景仰乎？吾生于乱世，长于戎马，流离奔波，闻见已多；所值名贤，未尝不心醉魂迷向慕之也。人在年少，神情未定，所与款狎，熏渍陶染，言笑举动，无心于学，潜移默化，自然似之；何况操履艺能，较明易习者也？是以与善人居，如入芝兰之室，久而自芳也；与恶人居，如入鲍鱼之肆，久而自臭也。墨子悲于染丝，是之谓也。君子必慎交游焉。孔子曰："无友不如己者。"颜、闵之徒，何可世得！但优于我，便足贵之。

颜之推：《颜氏家训·慕贤》

闻谤而怒者，谗之由也。见誉而喜者，佞之媒也。绝由去媒，谗佞远矣。

王通：《文中子中说·魏相篇》

薛收问圣人与天地如何。
子曰："天生之，地长之，圣人成之。故天地立而易行乎其中矣。"

王通：《文中子山说·巍相篇》

凡人之获谤誉于人者，亦各有道。君子在下位则多谤，在上位则多誉；小人在下位则多誉，在上位则多谤。

柳宗元：《柳宗元集》

如有谤誉乎人者，吾必征其所自，未敢以其言之多而举且信之也。其有及乎我者，未敢以其言之多而荣且惧也。苟不知我而谓我盗跖，吾又安取惧焉？苟不知我而谓我仲尼，吾又安取荣焉？知我者之善不善，非吾果能明之也，要必自善而已矣。

柳宗元：《柳宗元集》

然则圣贤之异愚也，职此而已。使仲尼之志之明可得而夺，则庸夫矣；授之于庸夫，则仲尼矣。

柳宗元：《柳宗元集·天爵论》

夫所谓美名者，岂不以居家孝、事上忠、朋友信、临财廉、充乎才、足乎艺之类耶？此皆所谓圣人者尚之，以拘愚人也。夫何以被之美名者，人之形质尔。无形质，廓乎太空，故非毁誉所能加也。形质者，囊乎血兴乎滓者也，朝合而暮坏，何有于美名哉？今人莫不失自然正性而趋之，以至于诈伪激者，何也？所谓圣人者误之也。

《无能子·质妄第五》

自然而虫之，不自然而人之。强立宫宝饮食以诱其欲，强分贵贱尊卑以激其争，强为仁义礼乐以倾其真，强行刑法征伐以残其生，俾逐其末而忘其本，纷其性而伐其命，迷迷相死，古今不复，谓之圣人者之过也。

《无能子·圣过第一》

人固有尚，珠金印节，人固有为，背憎面悦，击短扶长，曲邀横结。吐片言兮千口莫穷，触一机而百关俱发。嗟小人之颛蒙兮，尚何念于逸越。

杜牧：《樊川文集·望故园赋》

毁人者失其直，誉人者失其实，近于乡原之人哉？

皮日休：《皮子文薮·书·鹿门隐书六十篇》

或曰："将处乎世，如何则可以免乎谤？"曰："去六邪，用四尊，则可免。"曰："何以言之？"曰："谏未深而谤君，交未至而责友，居未安而罪国，家不俭而罪岁，道不高而凌贵，志不定而羡富，此之谓六邪也。自尊其道，尧、舜不得而卑也。自尊其亲，天下不得而浊也。自尊其己，孩孺不得而娱也。自尊其志，刀锯不得而威也。此之谓四尊也。"

皮日休：《皮子文薮·书·鹿门隐书六十篇》

嗟夫，予尝求古仁人之心，或异二者之为。何哉？不以物喜，不以己悲。居庙堂之高，则忧其民，处江湖之远，则忧其君。是进亦忧，退亦忧。然则何时而乐耶？其必曰：先天下之忧而忧，后天下之乐而乐乎！

范仲淹：《范文正公集·岳阳楼记》

老子曰："名与身孰亲？"庄子曰："为善无近名。"此皆道家之训，使人薄于名而保其真，斯人之徒，非爵禄可加，赏罚可动，岂为国家之用哉？我先王以名为教，使天下自劝，汤解网，文王葬枯骨，天下诸侯，闻而归之。是三代之君已因名而重也。

186

太公直钓以邀文王，夷齐饿死于西山，仲尼聘七十国以求行道，是圣贤之流无不涉乎名也。孔子作春秋，即名教之书也。善者褒之，不善者贬之，使后世君臣，爱令名而近名，岂无伪耶？臣请辩之，孟子曰："尧舜性之也，三王身之也，五霸假之也"，后之诸侯，逆天暴物，杀人盗国，不复爱其名者也。人臣亦然，有性本忠孝者，上也；行忠孝者，次也；假忠孝而求名者，又次也；至若简贤附势，反道败德，弑父叛君，惟欲是从，不复爱其名者，下也。人不爱名，则虽有刑法干戈，不可止其恶也。武王克商，式商容之闾，释箕子之囚，封比干之墓，是圣人奖名教，以激劝天下，如取道家之言，不使近名，则岂复有忠臣烈士，为国家之用哉？

范仲淹：《范文正公集·近名论》

　　圣人之道也，无幽不通，一则致霖雨于天下，一则宣教化于区中，背伪归真，岂逐叶公之好？长生久视，实资豢氏之功。

范仲淹：《范文正公全集·老子犹龙赋》

　　圣人生禀正命，动由至诚，发圣德而非习，本天性而惟明。生而神灵，实降五行诱；发于事业，克宣三代之英。稽中庸之有云，仰上圣之莫越，性以诚著，德由明发，其诚也感於乾坤，其明也配乎日月。

范仲淹：《范文正公全集·省试自诚而明谓之性赋》

　　人惟知所贵，然后知所耻：不知吾之所当贵，而谓之有耻焉者，吾恐其所谓耻者非所当耻矣。夫人之所当贵者，固天之所以与我者也，而或至于戕贼陷溺，颠迷于物欲，而不能以自反，则所可耻者亦孰甚于此哉？不知乎此，则其愧耻之心将移于物欲得丧之闻者矣。然其所以用其耻者，不亦悖乎？由君子观之，乃所谓无耻者也，孟子曰："人不可以无耻"，以此。

陆九渊：《陆九渊集》

古人不求名声，不较性负，不恃才智，不矜功能，故通体皆是道义。道义之在天下，在人心，岂能泯灭？第今人头既没于利欲，不能大自奋拔，则自附托其间者，行或与古人同，情则与古人异，此不可不辨也。

若真是道义，则无名声可求，无胜负可较，无才智可恃，无功能可矜。唐虞之时，禹稷益契，功被天下，泽及万世，无一毫自多之心。当时舍哺而嬉，去壤而歌，耕田而食，凿井而饮者，亦无一毫自慊之意，风化如此，岂不增宇宙之和哉？此理苟明，则矜智负能之人皆将失其窟宅，非能自悔其陋而求归于广居正路，则未必不反以我为仇也。然患此道不明耳，道终明终行，则彼亦岂能久负固哉？

陆九渊：《陆九渊集》

是非毁誉，自古为政所不能无者。是则归人，非则归己；闻誉则归人，闻毁则归己；无长无贰，处之皆当如是也。前辈云："恩欲己出，怨将谁归？"呜呼！此真博大君子之言也。

徐元端：《吏学指南·分谤》

夫为善得好名，为恶得恶名，本是常理。今乃有出于常理之外的，这等去处，须要见得透。修己的不可侥幸得名，便欢喜自足了，还要勉强为善，以求称其名。观人的不可徒取虚名，便轻易进用人，不可信人谗谤，便轻易黜退人。还要仔细详询访，实有可用然后用，实有可退然后退他，好此，则无实之毁誉不能乱矣。

李东阳：《李东阳集·弘治六年八月十三日讲》

天悬刑以悬小人，悬名以悬君子。一受其悬，虽死而犹萦系之不已；而不知固有间也，不待释而自不悬也。然悬于刑者，人知畏之；悬于名者，人不知解。避刑之情厚，而即入于名。

王夫之：《庄子解》

古人求没世之名，今人求当世之名。吾自幼及老，见人所以求当世之名者，无非为利也。名之所在，则利归之，故求之惟恐不及也，苟不求利，亦何慕名。

顾炎武：《日知录·君子疾没世而名不称焉》

慈溪黄氏曰："天下之理，无所不在，而人之未能以贯通者，己私间之也。尽己之谓忠，推己人之谓恕。忠恕既尽，己私乃克。此理所在，斯能贯通。故忠恕者，所以能一以贯之者也。"

顾炎武：《日知录·忠恕》

读屈子《离骚》之篇，乃知尧舜所以行出乎人者，以其耿介。同乎流俗，同乎污世，则不可与入尧舜之道矣。

非礼勿视，非礼勿听，非礼勿言，非礼勿动，是则谓之耿介。反是，谓之昌披。夫道若大路，然尧、桀之分，必在乎此。

顾炎武：《日知录·耿介》

修名之人丑态不胜千百万状，随一举动，随有无数窟垅。忠厚者尚不扬挖，少轻薄者，描写唯恐不工矣。其人尚不觉，沾沾自喜，愈益自鸣，亦无奈何。实大声洪，苟有实矣，不愁无闻。

傅山：《傅山诗文选注·修名之人》

读过《逍遥游》之人，自然是大鹏自勉，断之不屑做蜩与莺鸠，为榆枋间快活矣。一切世间荣华富贵，哪能看到眼里，所以说金屑虽贵，著之眼中，何异砂土？奴俗龌龊意见，不知不觉打扫干净。莫说看今人不上眼，即看古人上眼者有几个？

傅山：《傅山诗文选注·读南华经》

吾观西方书，爱有共命鸟。一命而岐头，性情不相了。一睡一头醒，醒者食香草。私谓命非二，我食彼亦饱。不谓睡者起，闻香增其懊。毒草泻所私，食之惟恐少。前香既已矣，毒发同枯槁。万类莫不有，物性良难考。

傅山：《傅山诗文选注·吾观西方书》

李太白对皇帝只如对常人，作官只如作秀才，才得成狂者。

关壮谬，郭汾阳，是圣人种子，只是没学问；张留侯，诸葛武侯，是圣人苗子，只是不曾察根见底。

傅山：《傅山诗文选注·杂说》

名，非圣人意也。圣人者，行其心之所安，乘其时之得为，殁齿而已矣。伏羲画卦，使民知阴阳，苍颉造字，使民备遗忘，非为名也。

然则名何始？曰：自《尚书》、《毛诗》始。其人皆慕圣人，情不能已，然后咏歌而记载之，盖以传圣人之名，而非自为其名也。故《尧典》、《禹贡》、《关雎》、《葛覃》皆不着作者姓氏。即《论语》一书，亦是孔子亡后弟子之弟子记之，孔子所不知也。使孔子若存，若知之，必不教作也。何也？孔子望其道行则有之矣，为万世师，非孔子意也。故作《论语》者亦卒无姓氏。下此，孟、荀、老、庄皆著书，皆列姓名，然而非圣人矣。

袁枚：《小仓山房文集·释名》

士皆知有耻，则国家永无耻矣；士不知耻，为国之大耻。

龚自珍：《龚自珍全集·明良论二》

知所以自位，则不辱矣；知所以不论议，则不殆矣；不辱不殆，则不憔悴悲忧矣……上不欺其所委贽，下不鄙其贵游，不自卑所闻，不自易所守，不自反所学。

龚自珍：《龚自珍全集·古史钩沈论四》

荣之亢，辱之始也；辨之亢，诽之始也；使之之便，任法之便，责问之始也。气者，耻之外也；耻者，气之内也。温而文，王者之言也；惕而让，王者之行也；言文而行让，王者之所以养人气也。

龚自珍：《龚自珍全集·臣里》

古之至人，皆未始欲言也，至人之言人情不得已，故虽导原于至人之心，不杂以至人之言，不原于至心则无本，杂以至言则勿用，杂以至言则勿尊，若其至心，则弗欲言已。大言若雨，百木一雨而异长；大言若规，百隅一规而异用。至言无吟叹，至行无反侧，大行无畔涯……起于意者，心声之而已歧也；起于心者，吻达之而已伪也；起于吻者，笔迫之已遁也。

龚自珍：《龚自珍全集·凉燠》

知，就事而言也；觉，就心而言也。知，有形者也；觉，无形者也。知者，人事也；觉，兼天事言矣。知者，圣人可与凡民共之；觉，则先圣必俟后圣矣……夫可知者，圣人之知也；不可知者，圣人之觉也。

龚自珍：《龚自珍全集·辨知觉》

若非道义可得者，则不可轻易受此。要做好人，第一要在此处下手，能令鬼服神钦，则自然识日进气田轻而易举刚。否则，不觉坠入卑污一流，必有被人看不起之日，不可不慎！诸弟现处极好之时，家事有我一人担当，正当做个光明磊落神钦鬼服之人，名声既出，信义既著，随便答言，无事不成，不必爱此小便宜也。

曾国藩：《曾国藩家书》

毁誉悠悠之口，本难尽信，然君子爱惜声名，常存冰渊惴惴之心，盖古今因名望之劣而获罪者极多，不能不慎修以远罪。

曾国藩：《曾国藩家书》

凡仁心之发，必一鼓作气，尽吾力之所能为，稍有转念，则疑心生，私心亦生。疑心生则计较多，而出纳吝矣；私心生则好恶偏，而轻重乖矣。

曾国藩：《曾国藩家书》

余生平以大官之家买田起屋为可愧之事……凡居官不可有清名，若名清而实不清，尤为造物所怒……余将来不积银钱留与儿孙，惟书籍尚思添买耳。

曾国藩：《曾国藩家书》

◆+◆+◆+◆+◆+◆+◆+◆+◆+◆+◆+◆+◆+◆

且人臣之义，以忠正为高，以伏节为贤。故有危言以存国，杀身以成仁。是以伍子胥不恨于浮江，比干不悔于剖心，然后忠立而行成，荣显而名著。若夫怀道以迷国，详愚而不言，颠则不能扶，危则不能安，婉婉以顺上，逡巡以避患，虽保黄耇，终寿百年，盖志士之所耻，愚夫之所贱也。

王逸：《楚辞章句序》

杨之道，不肯拔我一毛而利天下，而夫人以有家为劳心，不肯一动其心以畜其妻子，其肯劳其心以为人乎哉。虽然，其贤于世之患不得之而患失之者，以济其生之欲，贪邪而亡道，以丧其身者，其亦远矣。

韩愈：《韩昌黎文集·圬者王承福传》

古之君子，其责己也重以周，其待人也轻以约。重以周，故不怠。轻以约，故人乐为善……今之君子则不然，其责人也详，其待己也廉。详，故人难于为善。廉，故自取也少……夫是之谓不以众人待其身，而以圣人望于人，吾未见其尊己也。

韩愈：《韩昌黎文集·原毁》

古之时，人之害多矣。有圣人者立，然后教之以相生相养之道。为之君，为之师。驱其虫蛇禽兽而处之中土。寒然后为之衣，饥然后为之食。木处而颠，土处而病也，然后为之宫室。为

❧ 193 ❧

之工以赡其器用，为之贾以通其有无，为之医药以济其夭死，为之葬埋祭祀以长其恩爱，为之礼以次其先后，为之乐以宣其壹郁，为之政以率其怠勌，为之刑以锄其强梗。相欺也，为之符玺斗斛权衡以信之。相夺也，为之城郭甲兵以守之。害至而为之备，患生而为之防……如古之无圣人，人之类灭久矣。

韩愈：《韩昌黎文集·原道》

士之能享大名，显当世者，莫不有先达之士，负天下之望者，为之前焉。士之能垂休光，照后世者，亦莫不有后世之士，负天下之望者，为之后焉。莫为之前，虽美而不彰，莫为之后，虽盛而不传。

韩愈：《韩昌黎文集·与于襄阳书》

夫不知者，非其人之罪也；知而不为者，惑也；悦乎故不能即乎新者，弱也；知而不以告人者，不仁也；告而不以实者，不信也。

韩愈：《韩昌黎文集·送浮屠文畅师序》

是则好生以及物者，乃自生之方；施安以及物者，乃自安之术。挤彼于死地而求此之久生也，从古及今未之有焉；措彼于危而求此之久安也，从古及今亦未之有焉。是以昔之圣王知生者人之所乐，而已亦乐之，故与人同其生，则上下之乐兼得矣；圣王知安者人之所利，而已亦利之，故与人共其安，则公私之利两全矣。

陆贽：《陆宣公集》

有天下而子百姓者，以天下之欲为欲，以百姓之心为心，固当遂其所怀，去共所畏，给其所求，使家家自宁，人人自遂。家苟宁矣，国办固焉，人苟遂矣，君亦泰焉。

陆贽：《陆宣公集》

有道者不知贫富之异，贫而无怨，富而无骄，一也。然而饥寒切于身而心不动，非忘身者不能，故曰："贫而无怨难，富而无骄易。"

苏辙：《栾城集·论语拾遗》

利，利于民则可谓利，利于身利于国皆非利也。利之言利犹言美之为美，利诚难言，不可一概而言。

张载：《张载集·张子语类》

君子于天下，达善达不善，无物我之私。循理者共悦之，不循理者共改之。改之者，虽过在人如在己，不忘自讼；共悦者，虽善在己，盖取诸人而为，必以与人焉。善以天下，不善以天下，是谓达善达不善。

张载：《张载集·正蒙·中正篇第八》

若以闻见为心，则止是感得所闻见。亦有不闻不见自然静生感者，亦缘自昔闻见，无有勿事空感者。

张载：《张载集·张子语录》

闻见不足以尽物，然又需要他。耳目不得则是木石，要他便合得内外之道，若不闻见又何验？

张载：《张载集·张子语录》

感者性之神，性者感之体。惟屈伸、动静、终始之能一也，故所以妙万物而谓之神，通万物而谓之道，体万物而谓之性。

张载：《张载集·正蒙·乾称篇第十七》

生之而不有其生，为之而不将其为，功成而不居其功。此三者皆出于无我。惟其无我，然后不失己；非惟不失己，而又不失人。不知无我而常至于有我，则不惟失己；非惟失己，而又失人。功成则居，居则与去为对。圣人不居上之三者，然后道之常在于我而不去也。

王安石：《老子注辑本》

夫人莫不有视、听、思。目之能视，耳之能听，心之能思，皆天也。然视而使之明，听而使之聪，思而使之正，皆人也。

王安石：《王安石老子注辑本》

试把贤愚穷究，看钱奴自古呼铜臭，徇己苦贪求，待不教泉货周流。忍包羞，油铛插手，血海舒拳，肯落他人后？晓夜寻思机毂，缘情钩距，巧取旁搜。蝇头场上苦驱驰，马足尘中厮追逐，积攒下无厌就。舍死忘生，出乖弄丑。

张文潜：《元代散曲选》

红尘千丈，风波一样，利名人一似风魔障。恰余杭，又敦煌，云南蜀海黄茅瘴，暮宿晓行一世妆。钱，金数两；名，纸半张。

张文潜：《元代散曲选》

人皆嫌命窘，谁不见钱亲？水晶环入面糊盆，才沾沾便滚。

文章糊了盛钱囤，门庭改做迷魂阵，清廉贬入睡混沌。葫芦提倒稳。

张文潜：《元代散曲选·叹世》

一粒米针穿着吃，一文钱剪截充，但开口昧神灵。看儿女如衔泥燕，爱钱财似竞血蝇。无明夜攒金银，都做充饥画饼。

张文潜：《元代散曲选·嘲贪汉》

夺泥燕口，削铁针头，刮金佛面细搜求，无中觅有。鹌鹑嗉里寻豌豆，鹭鸶腿上劈精肉，蚊子腹内刳脂油，亏老先生下手。

张文潜：《元代散曲选·讥贪小利者》

一夜千条计，百年万世心，火院有海来深。头枕着连城玉，脚踏着遍地金，有一日死来临，问贪公那一件儿替得您。

卢润祥：《元人小令选·贪》

人生于财，死于财，荣辱于财。无钱对菊，彭泽令亦当败兴；倘孔氏绝粮而死，还称大圣人否？无怪乎世俗之营营之矣。究竟人寿几何，一生吃着，亦自有限；到散场时，毫厘将不去，只落得子孙争嚷多，眼泪少。死而无知，真是枉却；如其有知，懊悔又不知如何也？

冯梦龙：《冯梦龙诗文·序·贪秽部》

子犹曰：贫者，士之常也；俭者，人之性也。贫不得不俭，而俭者不必贫，故曰性也。然则俭不可乎？曰：吝不可耳。夫俭非即吝，而吝必托之于俭。俭而吝，则虽惟金积玉，与贫乞儿何异？

冯梦龙：《冯梦龙诗文·序·贫俭部》

语云"察见渊鱼者不祥"，是以圣人贵夜行，游乎人之所不知也：虽然，人知实难，已知何害，目中无照乘摩尼，又何以夜行而不颠乎？子舆赞舜明察并举，盖非明不能察，非察不显明。

冯梦龙：《冯梦龙诗文集·察智部总叙》

子犹曰：天下事被豪爽人决裂者尚少，被迂腐人耽误者最多。何也？豪爽人纵有疏略，譬诸铅刀虽钝，尚赖一割；迂腐则尘饭土粪而已，而彼且自以为有学有守，有识有体，背之者为邪，斥之者为诱，养成一个怯病天下以至于不可复，而犹不悟。

冯梦龙：《冯梦龙诗文·古今谭概各部小引》

冯子曰："人有智，犹地有水；地无水为焦土，人无智为行尸。智用于人，犹水行于地，地势坳则水满之，人事坳则智满之。"

冯梦龙：《冯梦龙诗文·智囊自叙》

智无常局，以恰肖其局者为上。故愚夫或现其一得，而晓人反失诸千虑。何则？上智无心而合，非千虑所臻也。人取小，我取大；人视近，我视远；人动而愈纷，我静而自正；人束手无策，我游刃有余。夫是，故难事遇之而皆易，钜事遇之而细。其斡旋人于无声臭之微，而举动出人意想思索之外。或先忤而后合，或似逆而实顺。方其闲闲，豪杰所疑；迄乎断断，圣人不易。呜呼！智若此，岂非上哉？上智不可学，意者法上而得中乎？抑语云"下下人有上上智"，庶几有触而现焉。余条列其概，稍分四则：曰见大，曰远犹，曰通简，曰迎刃，而统名曰上智。

冯梦龙：《冯梦龙诗文·上智部总叙》

智者，术所以生也；术者，智所以转也。不智而言术，如傀儡百变，徒资嘻笑，而无益于事；无术而言智，如御人舟子，自炫执辔如组，运楫如风，原隰关津，若在其掌，一遇羊肠太行，危难骇浪，辄束手而呼天，其不至颠且覆者几希矣。蠖之缩也，鸷之伏也，麝之决脐，蚺之示创也，术也。物智且然，而况人乎？

冯梦龙：《冯梦龙诗文·术智部总叙》

孔子曰："克己复礼为仁。"舜之赞尧，孟子之赞舜，皆曰："舍己从人。"老子曰："为人臣者，为人子者，无以有己。"皆以己为有我之私，故欲克之、舍之、无以有之也。他书所言，如奉己、适己、专己之类，皆不以己为美辞。

归庄：《归庄集·己斋记》

孔氏之书，言小人者数处：以其妄自尊大，则为骄而不泰之小人；以其好与人竞，则为同而不和之小人；以其惧人攻击，谋遁谋徙，则为长戚戚之小人；以其毫无实学，专务夸诩，则为的然日亡之小人；以其自以为是，巧于饰非，则为过也必文之小人；以其全不自反，惟知责人，则为不求诸己而求堵人之小人；以其力诋先儒，肆言谤讪，则为反中庸而无忌惮之小人。小人之情状，小人之肺肠，莫不如此。

归庄：《归庄集·与吴修龄书》

异史氏曰："物莫不聚于所好，故叶公好龙，则真龙入室；而况学士之于良友，贤君之于良臣乎！而独阿堵之物，好者更多，而聚者特少，亦以见鬼神之怒贪而不怒痴也。"

蒲松龄：《聊斋志异·鸽异》

见利思义与见利思害，讵二事哉？无故之利，害之所伏也；君子恶无故之利，况为不善以求之乎？不幸福，斯无祸；不患得，斯无失；不求荣，斯无辱；不于誉，斯无毁。暴实之木根必伤，掘藏之家必有殃。非其利者勿有也。非其功者勿居也，非其名者勿受也。窃人之有者害，居人之功者败，无实而享显名者殃。福利荣乐，天主之；祸害苦辱，人取之。《诗》曰："渔网之设，鸿则离之。"

魏源：《魏源集·默觚下·治篇十六》

学之言觉也，以先觉觉后觉，故莘野以畎亩乐尧、舜君民之道；学之言效也，以后人师前人，故傅严以稽古陈恭默思道之君。觉伊尹之所觉，是为尊德性；学傅说之所学，是为道问学。

魏源：《魏源集·默觚上·学篇一》

用智如水，水滥则溢；用勇如火，火烈则焚；故知勇有时而困，且有时而自害。求其多而不溢，积而不焚者，其惟君子之德乎！徒善积而不苑，其徒弥积，其服弥广，其行弥远而不困。《诗》曰："百尔君子，不知德行。不忮不求，何用不臧胥。"

魏源：《魏源集·默觚上·学第二》

天下之乱，由于吏治不修，吏治不修，由于人才不出，人才不出，由于人心不正，此则学术之不讲也。

左宗棠：《左文襄公全集·书牍哀》

义利之辨，精细茫渺，微乎其微，有毫厘千里之势。然只先责成一个心，故又自极有把握。

刘光第：《刘光第集·都门偶学记》

悭数者，耽著财法，秘悋不舍故，故名为悭。悭亦贪分，心怀猥鄙，悋涩畜积。悭于财者，于非所需亦恒积聚。悭于法者，秘其知能不肯授人，亦悭财之变相。故悭之恶为卑私，是徇物以丧其生理者，故可哀也。

熊十力：《新唯识论》

泰西的大儒，有两句格言："牺牲个人（指把一个人的利益不要），以为社会（指为公众谋利益）；牺牲现在（指把现在的眷恋丢了），以为将来（指替后人造福）。"这两句话，我愿大家常常讽诵。

陈天华：《陈天华集·警世钟》

有失败之英雄，有成功之英雄。英雄而成功也，人讴歌之；英雄而失败也，人哀吟之。若夫屡失败而将来有成功可望之英雄，则世界之视线集焉。是故欧美之于英雄也，于其未至，则画书以相讯问，于其戾至，则开会以盛欢迎。贵绅淑女，黄叟稚童争握其手；有接其馨楷者，则以为希世之荣；甚至如加里波的之至英，英人欲留其所着之衣以为纪念，顷刻而其衣片片撕尽，迄今思之，其狂愚诚不可及，亦足以窥见白人崇拜英雄之一斑。夫于异国之英雄，犹有其然也，况为本族之英雄乎？况为本族屡失败而将来有望之英雄乎？人之向往其风采，愿接其颜色也，何怪其然？

　　　　陈天华：《陈天华集·纪东京留学生欢迎孙君逸仙事》

敌知兵之将，生民之司命，国家安危之主也。

　　　　　　　　　　孙武：《孙子兵法·作战篇第二》

不信愚人易，不信贤人难；不信贤人易，不信圣人难。不信一圣人易，不信千圣人难。夫不信千圣人者，外不见人，内不见我，上不见道，下不见事。

　　　　　　　　　　　关尹：《关尹子·九药篇》

关尹子曰："目视雕琢者，明愈伤，耳闻交响者，聪愈伤，心思玄妙者，心愈伤。"

　　　　　　　　　　　关尹：《关尹子·五鉴篇》

关尹子曰："贤愚真伪，有识者，有不识者。彼虽有贤愚，彼虽有真伪，而谓之贤愚真伪者，系我之识，知夫皆识所成，故虽真者，亦伪之。

　　　　　　　　　　　关尹：《关尹子·五鉴篇》

谛毫末者，不见天地之大，审小音者，不闻雷霆之声。见大者亦不见小，见迩者亦不见远，闻大者亦不闻小，闻迩者亦不闻远。圣人无所见，故能无不见，无所闻，故能无不闻。

　　　　　　　　　　　关尹：《关尹子·九药篇》

子墨子曰："必去六辟。嘿则思，言则诲，动则事。使三者代御，必为圣人。"

"必去喜，去怒，去乐，去悲，去爱，而用仁义。手足口鼻耳，从事于义，必为圣人。"

墨翟：《墨子·贵义》

且夫有高人之行者，固见负於世。有独知之虑者，必见骜於民。语曰：愚者暗於成事。知者见於未萌。民不可与虑始，而可与乐成。郭偃之法曰：论至德者不和于俗。成大功者不谋于众。

商鞅：《商君书·更法第一》

圣人与人同类也。类同则形同，形同则气同，气同则知识同矣。类异则形异，形异则气异，气异则知识异矣。人之所以相君长者，类也，相使者，形也，相管摄者，气也，相维持者，知识也。

程本：《子华子·阳城胥渠问》

粤若稽古圣人之在天地间也，为众生之先。观阴阳之开阖以命物，知存亡之门户，筹策万类终始，达人心之理，见变化之联焉，而守司其门户，变化无穷，各有所归，或阴或阳，或柔或刚，或开或闭，或弛或张，是故圣人守司其门户，审察其所先后，度权量能，校其技巧短长，夫贤不肖智愚勇怯仁义有差，乃可捭，乃可阖，乃可进，乃可退，乃可贱，乃可贵，无为以牧之，审定有无，以其实虚，随其嗜欲，以见其志意，微排其所言，而捭反之，以求其实，贵得共指，阖而捭之，以求其利，或开而示之，或阖而闭之，开而示之者，同其情也，阖而闭之者，异其诚也……皆见其权衡轻重，乃为之度数，圣人因而为之虑，其不中权衡度数，圣人因而自为之虑，故捭者，或捭而出之，或捭而纳之，阖者，或阖而取之，或阖而去之。

鬼谷子：《鬼谷子·捭阖》

欲闻其声反默，欲张反敛，欲高反下，欲取反与，欲开情者，象而比之，以牧其辞，同声相呼，实理同归。或因此，或因彼，或以事上，或以牧下，此听真伪，知同异，得其情诈也。动作言默，与此出入，喜怒由此，以见其式；皆以先定，为之法则，以反求覆，观其所托，故用此者。己欲平静，以听其辞，察其事，论万物，别雄雌，虽非其事，见微知类。若探人而居其内，量其能，射其意也，符应不失，如螣蛇之所指，若羿之引矢。故知之始己，自知而后知人也。其相知也，若比目之鱼见形也。若光之与影也。其察言也不失，若磁石之取针，舌之取燔骨，其与人也微，其见情也疾。

鬼谷子：《鬼谷子·反应》

圣人耳不顺乎非，口不肆乎善。贤者耳择口择，众人无择焉。或问众人。曰：富贵生，贤者曰义，圣人曰神。观乎贤人，则见众人；观乎圣人，则见贤人；观夫天地，则见圣人。天下有三好，众人好己从；贤人好己正；圣人好己师。天下有三检，众人用家检；贤人用国检，圣人用天下检；天下有三门，由于情欲，入自禽门；由于礼义，入自人门；由于独智，入自圣门。或问：士何如斯可以禔身？曰：其为中也弘深，其为外也肃括，则可以禔身矣。君子微慎厥德，悔吝不至，何元敦之有！上士之耳顺乎德，下士之耳顺乎己。言不惭，行不耻者，孔子惮焉。

扬雄：《法言·修身》

故夫能说一经者为儒生，博览古今者为通人，采掇传书以上书奏记者为文人，能精思著文联结篇章者为鸿儒。故儒生过俗人，通人胜儒生，文人逾通人，鸿儒超文人。故夫鸿儒，所谓超而又超者也。以超之奇，退与儒生相料，文轩之比于弊车，锦绣之方于组中袍也，其相过远矣。如与俗人相料，太山之巅垤，长狄之项跖，不足以喻。故夫丘山以上石为体，其有铜铁，山之奇也。铜铁既奇，或出金玉。然鸿儒，世之金玉，奇而又奇矣。

王充：《论衡·超奇篇》

古贤美极，无以卫身。故循性行以俟累害者，果贤洁之人也。极累害之谤，而贤洁之实见焉。立贤洁之迹，毁谤之尘安得不生？弦者思折伯牙之指，御者愿摧王良之手。何则？欲专良善之名，恶彼之胜己也。是故魏女色艳，郑袖劓之；朝吴忠贞，无忌逐之。戚施弥妒，蘧除多佞。是故湿堂不洒尘，卑屋不蔽风；风冲之物不得育，水湍之岸不得峭。如是，牖里、陈蔡可得知，而沉江、蹈河也。以轶才取容媚于俗，求全功名于将，不遭邓析之祸，取子胥之诛，幸矣。孟贲之尸，人不刃者，气绝也。死灰百斛，人不沃者，光灭也。动身章智，显光气于世，奋志敖党，立卓异于俗，固常通人所谗嫉也。以方心偶俗之累，求益反损。盖孔子所以忧心，孟轲所以惆怅也。

王充：《论衡·累害篇》

草之精秀者为英，兽之特群者为雄，故人之文武茂异，取名于此。是故聪明秀出谓之英，胆力过人谓之雄，此其大体之别名也。若校其分数，则牙则须，各以二分，取彼一分，然后乃成。何以论其然？夫聪明者英之分也，不得雄之胆，说则不行；胆力者雄之分也，不得英之智，则事不立。是故英以其聪谋始，以其明见机，待雄之胆行之；雄以其力服众，以其勇排难，待英之智成之，然后乃能各济其所长也。若聪能谋始，而明不见机，乃可以坐论，而不可以处事；聪能谋始，明能见机，而勇不能行，可以循常，而不可以虑变。若力能过人，而勇不能行，可以为力人，未可以为先登；力能过人，勇能行之，而智不能断事，可以先登，而未足以为将帅。必聪能谋始，明能见机，智足断事，乃可以为雄，韩信是也。体分不同，以多为目，故英雄异名。然皆偏至之才，人臣之任也。故英可以为相，雄可以为将，若一人之身兼有英雄，则能长世，高祖、项羽是也。然英之分以多于雄，而英不可以少也。英分少则智者去之。故项羽气力盖世，明能合变，而不能听采奇异，有一范增不用，是以陈平之徒皆亡归。高祖英分多，故群雄服之，英才归之，两得其用，故能吞秦破楚，宅有天下。然则英、雄多少，能自胜之数也。徒英而不雄，则雄材不服也，徒雄而不英，则智者不归往也。故雄能得雄，不能得英；英能得英，不能得雄。故一人之身，有英雄，乃能役英与雄，故能成大业也。

刘劭：《人物志·英雄》

圣人达自然之性，畅万物之情，故因而不为，顺而不施。除其所以迷，去其所以惑，故心不乱而物性自得之也。

王弼：《老子注》

共工不触山，蜗皇不补天，其洪波汩汩流，伯禹不治水，万人其鱼夫！礼乐大坏，仲尼不作，工道其昏乎！而有功包阴阳，力掩造化，首出众圣，卓称大雄。彼三者之不足征矣！

李白：《李太白全集》

昔孔宣父以大圣之德，应运而生，生人已来，未之有也。故使三千弟子，七十门人，钻仰不及，请益无倦。然则尺有所短，寸有所长，其间切磋酬对，颇亦互闻得失。何者？观仲由之不悦，则矢天厌以自明；答言偃之弦歌，则称戏言以释难。斯则圣人设教，其理含弘，或援誓以表心，或称非以受屈。岂与夫庸儒末学，文过饰非，使夫问者缄辞杜口，怀疑不展，若一斯而已哉？

刘知几：《史通外篇·惑经第四》

以太宗之贤，失爱于昆弟。失教于诸子，何也？曰：然，舜不能仁四罪，尧不能训丹朱，斯前志也。当神尧任逸之年，建成忌功之口，苟除畏逼，孰顾分崩，变故之兴，间不容发，方惧"毁巢"之祸，宁虞"尺布"之谣？承乾之愚，圣父不能移也。

《旧唐书·本纪第三》

士之处世，视富贵利禄，当如优伶之为参军，方其据几正坐，噫呜诃箠，群优拱而听命，戏罢则亦已矣。见汾华盛丽，当如老人之抚节物，以上元清明言之，方少年壮盛，昼夜出游，若恐不暇，灯收花暮，辄怅然移日不能忘，老人则不然，未尝置欣戚于胸中也。睹金珠珍玩，当如小儿之弄戏剧，方杂在前陈，疑若可悦，即委之以去，了无恋想。遭横逆机阱，当如醉人之受辱骂，耳无所闻，目无所见，酒醒之后，所以为我者自若也，何所加损哉！

洪迈：《容斋随笔·士之处士》

道充乎身，塞乎天地，而拘于躯者不见其大；存乎饮食男女之事，而溺于流者不知其精。诸子百家亿之以意，饰之以辨，传闻袭见，蒙心之言。命之理，性之道，置诸茫昧则已矣。悲夫！此邪说暴行所以盛行，而不为其所惑者鲜矣。然则奈何？曰：在修吾身。

释氏定其心百不理其事，故听其言如该通，征其行则颠沛。儒者理于事而心有止，故内不失成己，外不失成物，可以赞化育而与天地参也。

自反则裕，责人则蔽。君子不临事而恕己，然后有自反之功。自反者，修身之本也。本得，则用无不利。

有毁人败物之心者，小人也。操爱人成物之心者，义士也。油然乎物各当其分而无为觅者，君子也。

知人之道，验之以事而观其词气。从人反躬者，鲜不为君子；任己盖非者，鲜不为小人。

释氏直曰吾见其性，故自处以静，而万物之功不能裁也；自处以定，而万物之分不能止也。是亦天地一物之用耳。自道参天地、明并日月、功用配鬼神者观之，则释氏小之为大夫矣。其言夸大，岂不犹坎井之蛙欤？

胡宏：《胡宏集·天命》

自上古以至今，圣人者不少矣，必多矣。自君四海、主亿兆、琐至治一曲之艺，凡杞人者，皆圣人也。周所谓道在瓦砾，在屎溺，意岂引且触于斯耶，故马医、酱师、治尽箦、洒寸铁而初之者，皆圣人也。吾且以治者举，人出一思也，人创一事也，又人累千百人也，年累千万年也，而后天下之治具始大以明备，忠而质，质而文，文而至于不可加，而具之权亦不可数。伇令者一人也，而曰我自为之，而自用之，而又必待其全而后用，则终古不治矣。故治必累圣人而后治，夫既已如是而足以治矣，而彼一人者又曰，我必自为之而后治之，则非愚则病惑者矣。故治莫利于因，因而博，则其自为而白用者不远也，推因而不博者得之。夫孔子学几七卜矣，老矣，铄而酌且审矣，亦博而且约矣，而所删所定所赞而所修者几何哉？治备是矣，民可以使由而止矣。

徐谓：《徐谓集·论中三》

富非圣所却，贫乃士之常，华屋非不美，环堵庸何伤？多方戒舞智，善闭靡不彰。舞智向愚者，弄偶于偶场，偶自不知弄，尔弄何所偿？舞智向智者，譬以光照光，彼光不受照，尔照何由抱？舞智两不售，不舞两不妨，请君听予言，作善降百祥。

徐谓：《徐谓集·戒舞智》

李卓吾曰："常人以为易者，圣人以为难，此其所以为圣人。"

张岱：《四书遇·论语》

千古圣人俱是狂狷做成的。夫子以狂狷两路收尽有道种子，又以狂狷绝尽世间假冒种子，圣人实实见得狂狷好处。不得中行者，言中行不易得，以千古道统付之也，阳明曰三代以下皆是乡愿学问。弥天盖地、磊磊落落，无回无互，能有几人？

孙奇逢：《四书近指·不得中行章》

圣人非人耶？亦人也。使圣而非人也则可，圣亦人也，则人亦尽圣也，何为不可至哉！虽圣乎，于人之性曾无毫末之加焉；则人之未至于圣者，犹人之未完者耳。人之未完者且不可谓之人，如器焉，未完者亦必不可谓之器也。然则以非人为人则安之，以是人为人则疑之，是何异齐人而疑其不能齐语乎？

陈确：《陈确集·文集·圣人可学而至论》

君人者，不必自雄其才智，惟知人善任，而才智乃宏。

薛福成：《出使英法意比四国日记》

豪杰之士，无大惊，无大喜，无大苦，无大乐，无大忧，无大惧。其所以能如此者，岂有他术哉？亦明三界唯心之真理而已，除心中奴隶而已。苟知此义，则人人皆可以为豪杰。

梁启超：《梁启超选集》

豪杰者，服公理者也，达时势者也。苟不服公理，不达时势，则必不能厕身于此数十人、数百人之列，有之不足多，无之不为少也。既服公理矣，达时势矣，则公理与时势即为联合诸群之媒，虽有万马背驰之力，可以铁锁链之使结不解也。是故善谋国者，必求得一目的，适合于公理与其时势，沁心于豪杰人人之脑膜中，而皆有养养然不能自己者存，夫然后全国之豪杰可以归于一点，而事乃有成。

梁启超：《梁启超选集》

古来之豪杰有两种：其一，以己身为牺牲，以图人民之利益者；其二，以人民为走狗，以遂一己之功名者。虽然，乙种之豪杰，非豪杰而民贼也。20世纪以后，此种虎皮蒙马之豪杰，行将绝迹于天壤。故世界愈文明，则豪杰与舆论愈不能相离。然则欲为豪杰者如之何？曰：其始也，当为舆论之敌；其继也，当为舆论之母；其终也，当为舆论之仆。敌舆论者，破坏时代之事业也；母舆论者，过渡时代之事业也；仆舆论者，成立时代之事业也。非大勇不能为敌，非大智不能为母，非大仁不能为仆，具此三德，斯为完人。

梁启超：《梁启超选集》

世之历史家、议论家往往曰：英雄笼络人。而其所谓笼络者，用若何之手段，若何之言论，若何之颜色，一若有一定之格式，可以器械造而印板行者。果尔，则其术既有定，所以传习其术者亦必有定，如就冶师而学锻冶，就土工而学抟埴；果尔，则习其术以学为英雄，固自易易；果尔，则英雄当车载斗量，充塞天壤。而彼刻画英雄之形状，传述英雄之伎俩者，何以自身不能为英雄？噫嘻，英雄之果为笼络人与否，吾不能知之。借口笼络，而昔所谓笼络者，绝非假权术，非如器械造而印板行，盖必有所谓"烟士披里纯"者，共接于人也，如电气之触物，如磁石之引铁，有欲离而不能离者焉。

梁启超：《梁启超选集》

英雄云者，常人所以奉于非常人之徽号也。畴其所谓非常者，今则常人皆能之，于是乎彼此皆英雄，彼此互消，而英雄之名词，遂可以不出现。

梁启超：《梁启超选集》

或云英雄造时势，或云时势造英雄，此二语皆名言也……余谓两说皆是也。英雄固能造时势，时势亦能造英雄，英雄与时势，二者如形影之相随，未尝少离。既有英雄，必有时势；既有时势，必有英雄……然则，人特患不英不雄耳，果为英雄，则时势之艰难危险何有焉？暴雷烈风，群鸟戢翼恐惧，而蛟龙乘之飞行绝迹焉；惊涛骇浪，儵鱼失所错愕：而鲸鲲御之一徙千里焉。故英雄之能事，以用时势为起点，以造时势为究竟。英雄与时势，互相为因，互相为果，造因不断，斯结果不断。

梁启超：《饮冰室合集·专集·自由书》

天地间之物一而万、万而一者也。山自山，川自川，春自春，秋自秋，风自风，月自月，花自花，鸟自鸟，万古不变，天地不同。然有百人于此，同受此山、此川，此春、此秋，此风、此月，此花，此鸟之感触，而其心境所现者百焉；千人同受此感触，而其心境所现者千焉；亿万人乃至无量数人同受此感触，而其心境所现者百焉，乃至无量数焉。然则欲言物境之果为何状，将谁氏之从乎？仁者见之谓之仁，智者见之谓之知，忧者见之谓之忧，乐者见之谓之乐，吾之所见者，即吾所受之境之真实相也。故曰：唯心所造之境为真实。

梁启超：《梁启超选集》

凡权利之于智慧，相依者也。有一分之智慧，即有一分权利；有百分之智慧，即有百分之权利；一毫不容假借者也。故欲求一国自立，必使一国之人之智慧足可治一国之事。

梁启超：《梁启超选集》

才子重文章，凭他二赋八诗，都争传苏东坡两游赤壁；
英雄造时势，待我三年五载，必艳称湖南客小住黄州。

黄兴：《黄兴集·游赤壁联》

古今之成大事业、大学问者，必经过三种之境界："昨夜西风凋碧树。独上高楼，望尽天涯路。"此第一境也。"衣带渐宽终不悔，为伊消得人憔悴。"此第二境也。"众里寻他千百度，回头蓦见（当作'蓦然回首'），那人正（当作'却'）在，灯火阑珊处。"此第三境也。

王国维：《人间词话》

伟大的天才人物与一般庸俗的人相比较，大约是一面其气质偏度显得强大，而另一面其气质又清明过人，两面好像趋于相反之两极。前云人性清明是对动物而说的，动物太受蔽于其身体本能，其透露出的宇宙生命本原殊有限。伟大天才之所以清明过人，正因他比通常人更障蔽少而透露大也。但他气质仍然有其所偏者也，其偏度随着其高度的透露遂显得强大。一般人受蔽的程度相差不多，其偏向往往一般化，亦就不强了。

梁漱溟：《人心与人生·人的性情·气质、
习惯、社会的礼俗、制度》

说到圣人，一般人总想到一个全知全能底人。讲到学问，圣人一定是，上自天文，下至地理，无所不通，无所不晓；讲到本领，圣人一定是所谓"文能安邦，开能定国"。其实圣人并不是如些全知全能底人，实际上亦没有如此全知全能底人。孟子说："圣人，人伦之至也。""人伦之至"即是圣人，至于其有无在别方面底知识本领，则与其是圣人与否无关。孟子说："人皆可以为尧舜"；荀子亦说："途之人皆可以为禹。"

冯友兰：《三松堂全集·才人与圣人》

我们可以说，领袖亦是社会一时底风尚所养成底。一个社会在某一时候，为适应某种环境，有某种运动。参加这种运动底人，有出乎其类，拔乎其萃者，即是领袖。其余即是群众。群众固不能离开领袖，领袖亦不能离开群众。群众见领袖如此行，而受鼓励；领袖见群众随之而行，亦受鼓励。

冯友兰：《三松堂全集·阐教化》

我们平常以为英雄豪杰之上，其仪表堂堂确是与众不同，其实那多半是衣裳装扮起来的，我们在画像中见到的华盛顿和拿破仑，固然是奕奕赫赫，便如果我们在澡堂里遇见二公，赤条条一丝不挂，我们会有异样的感觉，会感觉得脱光了大家全是一样。

梁实秋：《梁实秋散文·雅舍小品·衣裳》

有居山林而喧者，有在人俗而静者，有喧而正者，有静而邪者，凡视察其貌，鄙俗而能有贤者，万不有一，视察其貌，端雅而实小人者，十而有九。夫不炼其言而知其文，不流其毁而断其实，可谓有识者也。

王士元：《亢仓子·贤道》

明道中，净觉居灵芝，致书于师，论指要解三千之义，只是心性所具俗谛之法，未是中道之本。请师同反师承。师授"荆溪三千即空假中之文"，谓"何必专在于假以辅四明？三千俱体俱用之义，学者赖之。"

志磐：《佛祖统记》

盖闻目之所见有界，耳之所闻有量，界有远近，量有大小，本乎天，因乎习，成乎学。语侏焦以龙伯之人，则口眩而合。临裸国以裳冕之文，则足跂而骇走。泻钜海之水，则诏沚不能泛其

波；抟垂云之翼，则观望不能辨其物。度外之议，非常之论，龌
龊者不能容，因而笑之。

康有为：《康有为全集·与潘宫保伯寅书》

❖❖❖❖❖❖❖❖❖❖❖❖❖❖❖❖❖❖❖❖❖❖❖❖❖❖❖

或生而知之，或学而知之，或困而知之，及其知之一也。或
安而行之，或利而行之，或勉强而行之，及其成功一也。子曰：
好学近乎知，力行近乎仁，知耻近乎勇。

《中庸》

所禀有巧拙，不可改者性。所赋有厚薄，不可移者命。

白居易：《白居易集·咏拙》

士者，四民之首也。官不重士则民轻士，而士亦不自重。驯
至有邪民，无正士，为可忧耳。故官能养士，则士可教民，官能
重士，则民听士教。

黄爵滋：《黄少司寇奏疏》

哲后隆声誉，官人在克知。
明本兼聪达，仁原赖智施。

黄爵滋：《玉堂课草·知人则哲》

创造与境界

羿之道，非射也；造父之术，非驭也；奚仲之巧，非斫削也。召远者使无为焉，亲近者言无事焉，唯夜行者独有也。

管仲：《管子·形势第二》

道之所设，身之化也，持满者与天，安危者与人。失天之度，虽满必涸，上下不和，虽安必危，欲王天下而失天之道，天下不可得而王也。得天之道，其事若自然；失天之道，虽立不安。其道既得，莫知其为之，其功既成，莫知其释之，藏之无形，天之道也。

管仲：《管子·形势第二》

道之所言者一也，而用之者异，有闻道而好为家者，一家之人也；有闻道而好为乡者，一乡之人也。有闻道而好为国着，一国之人也。有闻道而好为天下者，天下之人也。有闻道而好定万物者，天地之配也。

管仲：《管子·形势第二》

重静者比于死，重作者比于鬼，重信者比于距，重诎者比于避。夫静与作，时以为主人，时以为客，贵得度。知静之循，居而自利；知作之从，每动有功。

管仲：《管子·形势第四十二》

兽厌走，而有伏网罢，一偃一侧，不然不得。大文三曾，而贵义与德；大武三曾，而偃武与力。

管仲：《管子·形势第四十二》

管子曰："一农不耕，民或为之饥；一女不织，民或为之寒。"

管仲：《管子·重甲第八十》

将将鸿鹄，貌之美者也。貌美，故民歌之。德义者，行之美者也。德义美，故民乐之。民之所歌乐者，美貌德义也，而明主鸿鹄有之。故曰："鸿鹄将将，维民歌之。"

管仲：《管子·形势解第六十四》

季文子三思而后行。子闻之曰："再，斯可矣。"

孔子：《论语·公冶长第五》

子夏曰："虽小道，必有可观者焉；致远恐泥，是以君子不为也。"

孔子：《论语·子张第十九》

子曰："《关雎》，乐而不淫，哀而不伤。"

孔子：《论语·八佾第三》

子语鲁大师乐，曰："乐其可知也：始作，翕如也；从之，纯如也，皦如也，绎如也，以成。"

孔子：《论语·八佾第三》

子谓《韶》："尽美矣，又尽善也。"谓《武》："尽美矣，未尽善也。"

孔子：《论语·八佾第三》

子夏问曰："'巧笑倩兮，美目盼兮，素以为绚兮。'何谓也？"子曰："绘事后素。"

孔子：《论语·八佾第三》

子在齐闻《韶》，三月不知肉味，曰："不图为乐之至于斯也。"

孔子：《论语·述而第七》

将欲歙之，必固张之；将欲弱之，必固强之；将欲废之，必固兴之；将欲取之，必固与之。是谓微明。

老子：《老子·三十六章》

天下之至柔，驰骋天下之至坚。无有人无间，吾是以知无为之有益。不言之教，无为之益，天下希及之。

老子：《老子·四十三章》

图难于其易，为大于其细，天下难事，必作于易，天下大事，必作于细，是以圣人终不为大，故能成其大。

老子：《老子·六十三章》

谋之于事，断之于理，作之于人，成之于天，事师于今，理师于古，事同于人，道独于己。

关尹：《关尹子·九药篇》

古今之俗不同，东西南北之俗又不同，至于一家一身之善又不同，吾岂执一豫格后世哉？惟随时同俗，先机后事，捐忿懥欲，简物恕人，权其轻重而为之，自然合神不测，契道无方。

关尹：《关尹子·九药篇》

今夫飞蓬遇飘风，而行千里，乘风之势也，探渊者知千仞之深，县绳之数也，故托其势者，虽远必至，守其数者，虽深必得。

商鞅：《商君书·禁使第二十四》

彼言说之势。愚智同学之，士学于言说之人，则民释实事而诵虚词。民释实事而诵虚词，则力少而非多。

商鞅：《商君书·慎法第二十五》

昔者昊英之世，以伐木杀兽，人民少而木兽多。黄帝之世，不麛不卵，官无供备之民，死不得用椁。事不同，皆王者，时异也。神农之世，男耕而食，妇织而衣，刑政不用而治，甲兵不起而王。神农既没，以强胜弱，以众暴寡，故黄帝作为君臣上下之义，父子兄弟之礼，夫妇妃匹之合；内行刀锯，外用甲兵。故时变也。

商鞅：《商君书·画策第十八》

凡事，豫则立，不豫则废。言前定，则不跲；事前定，则不困；行前定，则不疚；道前定，则不穷。

子思：《中庸·第二十章》

权然后知轻重，度然后可以知长短。

孟子《孟子·梁惠王上》

左右皆曰贤，未可也；诸大夫皆曰贤，未可也，国人皆曰贤，然后察之，则贤焉，然后用之。

孟子：《孟子·梁惠王下》

"交闻文王十尺，汤九尺，今交九尺四寸以长，食粟而已，如何则可？"

（孟子）曰："奚有于是？亦为之而已矣。有人于此，力不能胜一匹雏，则为无力人矣；今日举百钧，则为有力人矣。然则举乌获之任，是亦乌获而已矣。夫人岂以不胜为患哉？弗为耳。"

孟子：《孟子·告子下》

可以取，可以无取，取伤廉；可以与，可以无与，与伤惠；可以死，可以不死，死伤勇。

孟子：《孟子·离娄一》

离娄之明，公输子之巧，不以规矩，不能成方圆；师旷之聪，不以六律，不能正五音；尧舜之道，不以仁政，不能平治天下。今有仁心仁闻而民不被其泽，不可法于后世者，不行先王之道也，故曰，徒善不足以为政，徒法不能以自行。诗云，'不愆不忘，率由旧章。'遵先王之法而过者，未之有也，圣人既竭目力焉，继之以规矩准绳，以为方圆平直，不可胜用也；既竭耳力焉，继之以六律正五音，不可胜用也；既竭心思焉，继之以不忍人之政，而仁覆天下矣。故曰，为高必因丘陵，为下必因川泽；为政不因先王之道，可谓智乎？是以惟仁者宜在高位，不仁而在高位，是播其恶于众也。

孟子：《孟子·离娄章句上》

形色，天性也；惟圣人然后可以践形。

孟子：《孟子·尽心上》

故说诗者，不以文害辞，不以辞害志。以意逆志，是为得之。如以辞而已矣，云汉之诗曰："周余黎民，靡有孑遗。"信斯言也，是周无遗民也。

孟子：《孟子·万章上》

凡人有术不能行者有矣，能行而无其术者亦有矣。卫人有善数者，临死，以诀喻其子。其子志其言而不能行也。他人问之，以其父所言告之。问者用其言而行其术，与其父无差焉，若然，死者奚为不能言生术哉？

列御寇：《列子·说符篇》

天地无全功，圣人无全能，万物无全用。

列御寇：《列子·天瑞篇》

兴治化之流，浇淳散朴，离道以善，险德以行，然后去性而从于心。心与心识知，而不足以定天下，然后附之以文，益之以博。文灭质，博溺心，然后民始惑乱，无以反其性情而复其初。

庄周：《庄子·缮性》

无以人灭天，无以故灭命，无以得殉名。谨守而勿失，是谓反其真。

庄周：《庄子·秋水》

是故大知观于远近，故小而不寡，大而不多，知量无穷；证曏今故，故遥而不闷，掇而不跂，知时无止；察乎盈虚，故得而不喜，失而不忧，知分之无常也；明乎坦途，故生而不说，死而不祸，知终始之不可故也。计人之知知，不若其所不知；其生之时，不若未生之时。以其至小，求穷其至大之域，是故迷乱而不能自得也。由此观之，又何以知末之足以定至细之倪？又何以知天地之足以穷至大之域。

庄周：《庄子·秋水》

井蛙不可以语于海者，拘于虚也；夏虫不可以语于冰者，笃于时也；曲士不可以语于道者，束于教也。

庄周：《庄子·秋水》

庄子谓惠子曰："孔子行年六十而六十化，始时所是，卒而非之，未知今之所谓是之非五十九非也。"惠子曰："孔子勤志服知也。"庄子曰："孔子谢之矣，而其未之尝言。孔子云：'夫受才乎大本，复灵以生鸣而当律，言而当法，利义陈乎前，而好恶是非直服人之口而已矣。使人乃以心服，而不敢蘁立定天下之定，已乎已乎！吾且不得及彼乎！'"

庄周：《庄子·寓言》

惠子谓庄子曰："子言无用，"庄子曰："知无用而始可与言用矣。天地非不广且大也。人之所用容足耳。然则厕足而垫之致黄泉，人尚有用乎？"

庄周：《庄子·外物》

形劳而不休则敝，精用而不已则劳，劳则竭。

庄周：《庄子·刻意》

以"指者天下之所无"。天下无指者，物不可谓无指也；不可谓无指者，非有非指也；非有非指者，物莫非指、指非非指也，指与物非指也。

使天下无物指，谁径谓非指？天下无物，谁径谓指？天下有指无物指，谁径谓非指、径谓无物非指？

且夫指固自为非指，奚待于物而乃与为指？

公孙龙：《公孙龙子·指物论》

由其道，功名之不可得逃，犹表之与影，若呼之与响。善钓者出鱼乎十仞之下，饵香也；善弋者下鸟乎百仞之上，弓良也；善为君者，蛮夷反舌殊俗异习皆服之，德厚也。

《吕氏春秋·功名》

流水不腐，户枢不蝼，动也，形气亦然，形不动则精不流，精不流则气郁。

《吕氏春秋·尽数》

善说者若巧士，因人之力以自为力；因其来而与来，因其往而与往；不设形象，与生与长，而言之与响；与盛与衰，以之所归；力虽多，材虽劲。以制其命。顺风而呼，声不加疾也；际高而视，目不加明也；所因便也。

《吕氏春秋·顺说》

夫音亦有适。太钜则志荡，小荡听钜则耳不容，不容则横塞，横塞则振。太小则志嫌，以嫌听小则耳不充，不充则不詹，不詹则窕。太清则志危，以危听清则耳溪极，溪极则不鉴，不鉴则竭，太浊则志下，以下听浊则耳不收，不收则不特，不特则怒。故太钜，太小，太清，太浊皆非适也。

《吕氏春秋·适音》

凡音者，产乎人心者也。感于心则荡乎音，音成于外而化于内，是故闻其声而知其风，察其风而知其志，观其志而知其德。盛衰，贤不肖、君子小人皆形于乐，不可隐匿，故曰：乐之为观也，深矣。

《吕氏春秋·音初》

桓赫曰："刻削之道，鼻莫如大，目莫如小，鼻大可小，小不可大也；目小可大，大不可小也。"举事亦然；为其后可复者也，则事寡败矣。

韩非：《韩非子·说林下》

摇木者一一摄其叶则劳而不遍，左右拊其本而叶遍摇矣。临渊而摇木，鸟惊而高，鱼恐而下。善张网者引其纲，不一一摄万目而后得则是劳而难，引其纲而鱼已事囊矣。

韩非：《韩非子·外储说右下》

工人数变业则失其功，作者数摇徙则亡其功。一人之作，日亡半日，十日则亡五人之功矣。万人之作，日亡半日，十日则亡五万人之功矣。然则数变业者，其人弥众，其亏弥大矣。

韩非：《韩非子·解老》

小人恣睢，好尽物之情而极其执，其受祸也必酷矣，何以言之，朱明长赢不能尽其所以为温也，必随之以秋敛之气为秋，玄武洹阴，不能尽其所以寒也，必随之以敷荣之气而为春，孰为此者，天也，天且不可以尽，而况于人乎？

《子华子·执巾》

贤人深谋于廊庙、论议朝廷，守信死节，隐居岩穴之士设为名高者，安归乎？归于富厚也。是以廉吏久，久更富，廉贾归富，富者人之情性，所不学而俱欲者也。故壮士在军，攻城先登，陷阵却敌，斩将搴旗，前蒙矢石，不避汤火之难者，为重赏使也；其在闾巷少年，攻剽椎埋，劫人做奸，掘冢铸币，任侠并兼，借交报仇，篡逐幽隐，不避法禁，走死地如鹜者，其实皆为财用耳。今夫赵女、郑姬，设形容，携鸣琴，揄长袂，蹑利屣，目挑心招，出不远千里，不择老少者，奔富厚也；游闲公子，饰冠剑，连车骑，亦为富贵容也；弋射渔猎，犯晨夜，冒霜雪，驰坑谷，不避猛兽之害，为得味也；博戏驰逐，斗鸡走狗，作色相矜，必争胜者，重失负也；医方诸食技术之人，焦神极能，为重糈也；吏士舞文弄法，刻章伪书，不避刀锯之诛者，没于赂遗也；农工商贾畜长，固求富益货也。此有知尽能索耳，终不余力而让财矣。

司马迁：《史记·货殖列传》

天下之祸，莫大于不足为，材力不足者次之。不足为者，敌至而不知；材力不足者，先事而思；则其于祸也有间矣。

韩愈：《韩昌黎文集·守戒》

苟可以寓其巧智，使机应于心，不挫于气，则神完而守固，虽外物至，不胶于心，尧舜禹汤治天下，养叔治射，庖丁治牛，师旷治音声，扁鹊治病，僚之于丸，秋之于弈，伯伦之于酒，乐之终身不厌，奚暇外慕？夫外慕徙业者，皆不造其堂，不跻其阶者也。

韩愈：《韩昌黎文集·送高闲上人序》

大凡物不得其平则鸣。草木之无声，风挠之鸣，水之无声，风荡之鸣，其跃也或激之，其趋也或梗之，其沸也或炙之，金石之无声，或击之鸣，人之于言也亦然。有不得已者而右言，其歌也有思，其哭也有怀，凡出乎口而为声者，其皆有弗平者乎。乐也者，忧于中而泄外者也。择其善鸣者而假之鸣。

韩愈：《韩昌黎文集·送孟东野序》

夫和平之音淡薄，而愁思之声要妙；欢愉之辞难工，而穷苦之言易好也。是故文章之作，恒发于羁旅草野；至若王公贵人气满志得，非性能而好之，则不暇以为。

韩愈：《韩昌黎文集·荆潭唱和诗序》

夫所谓文者，必有诸其中，是故君子慎其实；实之美恶，其发也不掩：本深而末茂，形大而声宏，行峻而言厉，心醇而气和；昭晰者无疑，优游者有余；体不备不可以为成人。辞不足不可以为成文。

韩愈：《韩昌黎文集·答尉迟生书》

儒家者流，博而寡要，劳而少功，何哉？其患在于习之不精，知之不明，入而不得其门，行而不由其道。

杜佑：《通典·通典序》

父有服，子不与于乐。母有服，声间焉，不举乐。妻有服，不举乐于其侧。大功至则辟琴瑟，小功至则不绝乐。

杜佑：《通典·礼志》

夫无为者无所不为也，有为者有所不为也。

《无能子·答华阳子问第二》

且世之自命通人而大惑不解者，见外洋舟车之利，火器之精，炋心瞶目，震悼失图，谓今之天下，虽孔子不治，噫！是何言欤？自开辟以来，事会之变，日新月异，不可纪极。子张问十，而孔子答以百世可知，岂为是凿空之论以疑罔后学哉？今之中国，犹昔之中国也；今之夷疑狄情，犹昔之夷狄之情也。立中国之道。得夷狄之情，而驾驭服之，方固事会以为变通，而道之不可变者，虽百世而如操左券。

谭嗣同：《谭嗣同文先注》

昔圣王之处民也，择瘠土而处之，劳其民而用之，故长王天下。夫民劳则思，思则善心生，逸则淫，淫则忘善。忘善则恶心生。沃土之民不材，淫也，瘠土之民莫不向义，劳也……君子劳心，小人劳力，先王之训也，自上以下，谁敢淫心舍力。

《国语·鲁语下·敬姜论劳逸》

古人欲知稼穑之艰难，斯盖贵谷务本之道也。夫食为民天，民非食不生矣，三日不粒，父子不能相存。耕种之，薅除之，刈获之，载积之，打拂之，簸扬之，凡几涉手，而入仓廪，安可轻农事而贵末业哉？江南朝士，因晋中兴，而渡江，本为羁旅，至今八九世，未有力田，悉资俸禄而食耳。假令有者，皆售僮仆为，未尝目观起一坺土，耘一株苗；不知几月当下，几月当收，安识也间余务乎？故治官则不了，营家则不办，皆优闲之过也。

颜之推：《颜氏家训·涉务》

子躬耕，或问曰："不亦劳乎？"子曰："一夫不耕或受其饥，且庶人之职也。亡职者罪无所逃天地之间，吾得逃乎？"

王通：《文中子说·天地篇》

薛收曰："吾尝闻夫子之论诗矣，上明三纲下达五常，于是征存亡辨得失，故小人歌之以贡其俗，君子赋之以见其志，圣人采之以观其变，今子营营驰骋乎末流，是夫子之所痛也。不答则有由矣。"

子曰："学者博诵之乎哉？必也贯乎道；文者苟作去乎哉？必由济乎义。

王通：《文中子中说·天地篇》

邑之有观游，或以为非政，是大然。夫气烦则虑乱，视壅则志滞。君子必有游息之物，高明之具，使之清宁平夷，恒若有余，然后理达而事成。

柳宗元：《柳宗元集》

游之适，大率有二：旷如也，奥如也，如斯而已。其地之凌阻峭，出幽郁，廖廓悠长，则于旷宜；抵丘垤，伏灌莽，迫遽回合，则于奥宜。因其旷，虽增以崇台延阁，迥环日星，临瞰风雨，不可病其敞也；因其奥，虽增以茂树丛石，穹若洞谷，蓊若林郁，不可病其邃也。

柳宗元：《柳宗元集》

律者，乐之本也，而气达于物，凡者之起者本焉。

柳宗元：《柳宗元集》

作于圣，故曰经；述于才，故曰文。文有二道：辞令褒贬，本乎著述者也；导扬讽谕，本乎比兴者也。著述者流，盖出于《书》之谟、训，《易》之象、系，《春秋》之笔削，其要在于高壮广厚，词止而理备，谓宜藏于简册也。比兴者流，盖出于虞、夏之咏歌，殷、周之风雅，其要在于丽则清越，言畅而意美，谓宜流于谣诵也。兹二者，考其旨义，乖离不合。故秉笔之士，恒偏胜独得，而罕有兼者焉。厥有能而专美，命之曰艺成，虽古文雅之盛也，不能并肩而生。

柳宗元：《柳宗元集》

吾乃今知文之可以行于远也。以彼庸蔽奇怪之语，而黼黻之，金石之，用震曜后世之耳目，而读者莫之或非，反谓之近经，则知文者可不慎邪？

柳宗元：《柳宗元集》

山林之从欲济物，必分己之财；乡闾之子欲去。弊，必资官之势；不必己财而可以惠物，不藉人势而可以被祛蠹者，其惟在位君子乎？操刀而不割，拥楫、川而不度，世夫此蠢愚之人。故君子用世，随大随小，皆全力赴之，为其事而无其功者，永之有也。彼穑而我飧之，彼织而我温之，彼狩而我狙之，彼驭而我轩之，彼匠构而我帡之，彼赋税商贾而我便之，彼干盾捍卫而我安之。彼于我何酬，我于彼何功？天于彼何啬，于我何丰？思及此而犹泄泄于在上者，非人心也。《诗》曰："彼君子兮，不素食兮！"

魏源：《魏源集》

有女同车，颜如舜华。将翱将翔，佩玉琼琚。彼美孟姜，洵美且都。有女同行，颜如舜英。将翱将翔，佩玉将将。彼姜孟姜，德音不忘。

《诗经·郑风·有女同车》

保厥美以骄傲兮，
日康娱以淫游；
虽信美而无礼兮，
来违弃而改求！

屈原：《楚辞·离骚》

其形也，翩若惊鸿，婉若游龙。荣曜秋菊，华茂春松，仿佛兮若轻云之蔽月，飘飘兮若流风之回雪。远而望之，皎若太阳升朝霞；迫而察之，灼若芙蕖出绿波。秾纤得衷，修短合度。肩若削成，腰如束素。延颈秀项，皓质呈露。芳泽无加，铅华弗御。云髻峨峨，修眉联娟。丹唇外朗，皓齿内鲜。明眸善睐，靥辅承权，瑰姿艳逸，仪静体闲。柔情绰态，媚于语言。奇服旷世，骨像应图。披罗衣之璀璨兮，珥瑶碧之华裾。戴金翠之首饰，缀明珠以耀躯。践远游之文履，曳雾绡之轻裾。微幽兰之芳蔼兮，步踟蹰于山隅。

曹植：《洛神赋》

嵇康身长七尺八寸，风姿特秀。见者叹曰："萧萧肃肃，爽朗清举。"或云："肃肃如松下风，高而徐引。"山公曰："嵇叔夜之为人也，岩岩若孤松之独立，其醉也，傀俄若玉山之将崩。"

刘义庆：《世说新语·容止》

顾长康从会稽还，人间山川之美，顾云："千岩竞秀，万壑争流，草木蒙笼其上，若云兴霞蔚。"

刘义庆：《世说新语·言语篇》

许允妇是阮卫尉女，德如妹，奇丑。交礼竟，允无复入理，家人深以为忧。会允有客至，妇令婢视之，还，答曰；"是桓郎。"桓郎者，桓范也。妇云："无忧，桓必劝入。"桓果语许云："阮家既嫁丑女与卿，故当有意，卿宜查之。"许便回入内，既见妇，即欲出。妇料其此出无复入理，便捉裾停之。许因谓曰："妇有四德，卿有其几？"妇曰："新妇所乏者唯容尔，然士有百行，君有几？"许云："皆备。"妇曰："夫百行以德为首，君好色不好德，何谓皆备？"允有惭色，遂相敬重。

刘义庆：《世说新语·贤媛》

淡则无味，直则无情。宛转有态，则容冶而不雅，沉着可

231

思，则神伤而易弱。欲浅不得，欲深不得。物于律则为律所制，是诗奴也，其失也卑，而五音不克谐；不受律则不成律，是诗魔也，其失也元，而五音相夺伦。不克谐则无色，相夺伦则无声。盖声色之来，发于情性，由乎自然，是可以牵合矫强而致乎？故自然发于情性，则自然止乎礼仪，非惰性之外复看礼仪可止也。惟矫强乃失之，故以自然之为美耳，又非于情性之外复有所谓自然而然也。故性格清彻者音调自然宜畅，性格舒徐者音调自然而疏缓，旷达者自然浩荡，雄迈者自然壮烈，沉郁者自然悲酸，古怪者自然奇绝。有是格，便有是，皆情性自然之谓也。莫不有情，莫不有性，而可以一律求之哉！然则所谓自然者，非有意为自然而遂以为自然也。若有意为自然，则与矫强何异。故自然之道，未易言也。

李贽：《焚书·读律肤说》

追风逐电之足，决不在于牝牡骊黄之间；声应气求之夫，决不在于寻行数墨之士；风行水上之文，决不在于一字一句之奇。若夫结构之密，偶对之切；依于理道合乎法度；首尾相应，虚实相生：种种禅病皆所以语文，而皆不可以语于天下之至文也。

李贽：《焚书·杂说》

自古有秀色，西施与东邻。蛾眉不可妒，况乃效其颦。所以尹婕妤，羞见邢夫人，低头不出气，塞默少精神。寄语无监子，如君何足珍。

李白：《李太白全集》

白以为赋者，古诗之流，辞欲壮丽，义归博远。不然，何以光赞盛美，感动天神。

李白：《李太白全集》

峰阳孤桐，石耸天骨，根老冰泉，叶枯霜月。斫为绿绮，微声粲发，秋风入松，万古奇绝。

李白：《李太白全集》

减一分太短，增一分太长。不朱面若花，不粉肌如霜。

白居易：《白居易集》

天地景物，如山间之空翠，水止之涟漪，潭中之云影，草际之烟光，月下之花容，风中之柳态，若有若无，半真半幻，最足以悦人心目而豁人性灵，真天地间一妙境也。

洪应明：《菜根谭》

说着，引人步入茆堂（稻香村），里面纸窗木榻，富贵气象一洗皆尽，贾政心中自是欢善，却瞅宝玉道："此处如何?"众人见问，都忙悄悄的推宝玉，教他说好。宝玉不听人言，便应声道："不及'有凤来仪'多矣。"贾政听了道："无知的蠢物！你只知朱楼画栋，恶赖富丽为佳，那里知道这清幽气象。终是不读书之过！"宝玉忙答道："老爷教训的固是，但古人常云'天然'二字，不知何意!?"

众人忙道："别的都明白，为何连天然不知?'天然'者，天之自然而有，非人力之所成也。"宝玉道："却又来！此处置一田庄，分明见得人力穿凿扭捏而成。远无邻村，近不负郭，背山山无脉，临水水无源，高无隐寺之塔，下无通市之桥，峭然孤出，似非大观。争似先处有自然之理，得自然之气，虽种竹引泉，亦不伤于穿凿。古人云'天然图画'四字，正谓非其地而强为地，非其山而强为山，虽百般精而终不相宜……"

曹雪芹：《红楼梦》

✦❖✦❖✦❖✦❖✦❖✦❖✦❖✦❖✦❖✦❖✦❖✦❖✦

是故子墨子之所以非乐者，非以大钟鸣鼓琴瑟竽笙之声以为不乐也，非以刻镂，华文章之色以为不美也，非以刍豢煎灸之味以为不甘也，非以高台厚榭邃野之居以为不安也。虽身知其安也，口知其甘也，目知其美也，耳知其乐也，然上考之不中圣王之事，下度之不中万民之利，是故子墨子曰："为乐非也。"

墨翟：《墨子·非乐上》

画绩之事杂五色。东方谓之青，南方谓之赤，西方谓之白，北方谓之黑，天谓之玄，地谓之黄，青与白相次也，赤与黑相次也，玄与黄相次也。青与赤谓之文，赤与白谓之章，白与黑谓之黼，黑与青谓之黻。五采备谓之绣。土以黄，其象方天时变。火以环，山以章，水以龙，鸟兽蛇。杂四时五色之位以章之，谓之巧，凡画绩之事后素功。

《周礼·冬官考工记第六》

故听其雅、颂之声，而志意得广焉；执其干戚，习其俯仰屈伸，而容貌得庄焉；行其缀兆，要其节奏，而行列得正焉，进退得齐焉。故乐者，出所以征诛也，入所以揖让也。征诛揖让，其义一也。出所以征诛，则莫不听从；入所以揖让，则莫不从服。故乐者，天下之大齐也。中和之纪也，人情之所以不免也。

荀况：《荀子·乐论》

君子以钟鼓道志，以琴瑟乐心。动以干戚，饰以羽旄，从以磬管。故其清明象天，其广大象地，其俯仰周旋有似于四时。故乐行而志清，礼修而行成，耳目聪明，血气和平，移风易俗，天下皆宁，美善相乐。故曰：乐者，乐也。君子乐得其道，小人乐得其欲。以道制欲，则乐而不乱；以欲忘道，则惑而不乐。故乐者，所以道乐也。金石丝竹，所以道德也。乐行而民乡宁矣。

荀况：《荀子·乐论》

乐者，圣王之所乐也，而可以善民心。其感人深，其移风易俗易，故先王著其教焉。夫民有血气心知之性，而无哀乐喜怒之常，应感而动，然后心术行焉。是以纤微憔瘁之音作，而民思忧；阐谐嫚易之音作，而民康乐；粗厉猛奋之音作，而民刚毅；廉直正诚之音作，而民肃敬；宽裕和顺之音作，而民慈爱；流辟邪散之音作，而民淫乱。先五耻其乱也，故制雅颂之声，本之情性，稽之度数，制之礼仪，合生气之和，导五常之行，使之阳而不散，阴而不集，刚气不怒，柔气不慑，四畅交于中，而发作于外，皆安其外而不相夺，足以感动人之善心，不使邪气接焉，是先王立称之方也。

班固：《汉书·礼乐志》

有秦客问于东野主人曰："闻之前论曰：治世之音安以乐，亡国之音哀以思。夫治乱在政，而音声应之，故哀思之情，表于金石，安乐之象，形于管弦也。又仲尼问《韶》，识虞舜之德，季札听弦，知众国之风，斯已然之事，先贤所不疑也。今子独以为声无哀乐，其理何居？若有嘉训，今请闻其说。"主人应之曰："斯义久滞，莫肯拯救，故念历世滥于名实，今蒙启导，将言其一隅焉。夫天地合德，万物资生，寒暑代往，五行以成。故章为五色，发为五音，音声之作，其犹臭味在于天地之间。其善与不善，虽遭遇浊乱，其体自若而不变也，岂以爱憎易操，哀乐改度哉？及官商集化，声音克谐，此人心至愿，情欲之所钟。古人知情不可恣，欲不可极，因其所用，每为之节，使哀不至伤，乐不至淫，斯其大较也。然'乐云、乐云，钟鼓云乎哉！哀云、哀云，哭泣云乎哉'，因此而言，玉帛非礼敬之实，歌舞非悲哀之主也。何以明之？夫殊方异俗，歌哭不同，使错而用之，或闻哭而欢，或听歌而感，然而哀乐之情均也。

今以均同之情，而发万殊之声，斯非音声之无常哉。然声音和比，感人之最深者也，劳者歌其事，乐者舞其功。夫内有悲痛之心，则激哀切言，言比成诗，声比成音，杂而咏之，聚而听之，心动于和声，情动于苦言，嗟叹未绝而泣涕流涟矣。夫哀藏于苦心内，遇和声而后发，其所觉悟；唯哀而已，岂复知吹万不同，而使其自己哉？风俗之流，遂伐其政，是故国史明政教之得失，审国风之盛衰，吟咏情性，以讽其上，故曰亡国之音哀以思也。夫喜怒哀乐，爱憎惭惧，凡此八音者，生民所以接物传情，区别有属，而不可溢者也。夫味以甘苦为称，今以甲贤而心爱，乙愚而情憎，则爱憎宜属我，而贤虬宜属彼也。可以我爱而谓之爱人，我憎而谓之憎人，所喜则谓之喜味，所怒则谓之怒味哉？由此言之，则外内殊用，彼我异名，声音自当以喜恶为主，则无关于哀乐，哀乐自当以情感，而无系于声音。

嵇康：《嵇康集·声无哀乐论》

盖文章，经国之大业，不朽之盛事。年寿有时而尽，荣乐止乎其身，二者必至之常期，未若文章之无穷。是以古之作者，寄身于翰墨，见意于篇籍，不假良史之辞，不托飞驰之势，而声名自传于后。故西伯幽而演《易》，周旦显而制《礼》，不以隐约而弗务，不以康乐而加思。夫然则古人贱尺璧而重寸阴，惧乎时之过已。而人多不强力，贫贱则慑于饥寒，富贵则流于逸乐，遂营目前之务，而遗千载之功，日月逝于上，体貌衰于下，忽然与万物迁化，斯志士之大痛也。

曹丕：《典论·论文》

太宗曰："不然，夫音声岂能感人？欢者闻之则悦，哀者听之则悲，悲悦在于人心，非由乐也。将亡之政，其人心苦，然苦心所感，故闻之则悲耳。何有乐声哀怨，能使悦者悲夫？今《玉树》、《伴侣》之曲，其声俱存，朕当为公奏之，知公必不悲耳。"尚书右丞相魏徵对曰："古人称，礼云、礼云，玉帛云乎哉！乐云、乐云，钟鼓云乎哉！乐在人和，不由音调。"太宗然之。

《贞观政要·论礼乐第二十九》

夫画道之中，水墨最为上，肇自然之性，成造化之功，或咫尺之图，写千里之景，东西南北，宛尔目前，春夏秋冬，生于笔下。

凡画山水，意在笔先。

王维：《王右丞集·画学秘决》

《诗》讫于周，《离骚》讫于楚，是后，诗之流为二十四名：赋、颂、铭、赞、文、诔、箴、诗、行、咏、吟、题、怨、叹、章、篇、操、引、谣、讴、歌、曲、词、调，皆诗人六义之余，而作者之旨，由操而下八名；皆起于郊祭、军宾、吉凶、苦乐之际。

元稹：《元稹集·乐府古题序》

在声音者，因声以度词，审调以节唱。句度短长之歌，声韵平上之差，莫不由之准度。而又别其在琴瑟者为操、引，采民间者为讴、谣，备曲度者，总得谓之歌、曲、词、调，斯皆由乐以定词，非选调以配乐也。由诗而下九名，皆属事而作，虽题号不同，而悉谓之为诗可也。后之审乐者，往往采取其词，度为歌曲，盖选词以配乐，非由乐以定词也。而纂撰者，由诗而下十七名，说编为《乐录》。乐府等题，除《铙吹》、《横吹》、《郊祀》、《清商》等词在《乐志》者，其余《木兰》、《仲卿》、《四愁》、《七哀》之辈，亦未必尽播于管弦明矣。后之文人，达乐者少，不复如是配别。

元稹：《元稹集·乐府古题序》

乐者，制也。所以道天和，全人性。故作之以崇德，审之以知政，王者敬其事而阐其道，顺其时而行其令。

元稹：《元稹集·大合乐赋》

圣人顺天道、防人欲，·布和以调其性，宣乐以察其俗。气将导志，五声发以成文，化尽欢心，百兽率而叶曲。茫茫太空，乐生其中。声随化感，律与天通。交四气之薄畅，贯三光乎昭融。将君子以审乐，故先王以省风。致同和于天地，谅难究其始终。惟乐之广，于何不有。包阴阳兮不集不散，降神灵兮或六或九，故季札聆音而感深，宜尼忘味于耳盈。昭覆帱兮煦姁，召游泳以飞走。演自冥，发于性情。将不动而为动，自无声而有声。

元稹：《元稹集·箫韶九成赋》

学书之难，神彩为上，形质次之，兼之者便到古人。以斯宫之，岂易多得？必使心忘于笔，手忘于书，心手遗情，书不妄想，要在求之不见，考之即彰。

《全唐文·笔意论》

乐者，太古圣人治情之具也。人有血气生知之性，喜怒哀乐之情。情感物而动于中，声成文而应于外。圣王乃调之以律度，文之以歌颂，荡之以钟石，播之以弦管，然后可以涤精灵，可以祛怨思。施之于邦国，则朝廷序；施之于天下，则这神只格；施之于宾宴，则君臣和；施之于战阵，则士民勇。

《旧唐书·志第八》

诗之义本于讽谕，盖心欲有言而不足以道志，故假于辞焉。而辞也者，欲其谕难言之志也。然语涩而俚，意浮以近，文采不足以动人，立言易朽，君子不由也。

揭傒斯：《揭傒斯全集·全台集后序》

乐者，仁之声，而生气之发也。孔子称"《诏》尽美矣，又尽善也。"在齐闻《诏》，则学之三不知肉味。

归有光：《震川先生集·二石说》

人不能单纯工作，以致脑筋枯燥，与机器一样。运动吃烟饮酒赌博，皆是活泼脑筋的方法。但不可偏重运动一途。烟酒赌博，又系有害的消遣，吾人应当求高崇的消遣。

蔡元培：《蔡元培美学文选》

人生之目的，为尽义务而来。每人必有一定职务，必做一番事业，此谓之职业。而职业无高、低、贵、贱之差，要求其适耳。如目之司视，耳之司听，亦惟各得其适，初无高、低、贵、贱之定言。人体之生理然，社会之职业，何独不然。

蔡元培：《蔡元培教育论集》

凡吾人所以下优美之断定者，对于一种表象而感为愉快也。虽然，吾人愉快之感，不必专系乎愉美，有系于满意者，有系于利用者，有系于善良者。何以别之？曰，满意之愉快全属于感觉，利用及善良之愉快又属于实际，此皆与美学断定相违之性质也。满意者亦主观现象之一，例如曰山高林茂，此客观之状态也；曰山高林茂，触目怡情，则主观之关系也。满意者，吾人之感官，受一种之刺激而感为满足，故亦不本于概念。利用及善良则否，利用者，可借以达于一种之善良者也。善良者，各人意志之所趋向也。利用为作用，而善良为鹄的，二者皆丽于客观，皆毗于实际，皆吾人意志之所管摄者也。所以生愉快者，由于有鹄的之概念，而或间接以达之，或直接以达之。

蔡元培：《蔡元培哲学论著·康德美学述》

鉴激刺感情之弊，而专尚陶养感情之术，则莫如舍宗教而易以纯粹之美育。纯粹之美育，所以陶养吾人之感情，使有高尚纯洁之习惯，而使人我之见、利己损人之思念，以渐消者也。善以美为普遍性，决无人我差别之见能参入其中。食物之入我口者，不能兼果他人之腹；衣服之在我身者，不能兼供他人之温，以其非普遍性也。美则不然。即如北京左近之西山，我游之，人亦游之；我无损于人，人亦无损于我也。隔千里兮共明月，我与人均不得而私之……所谓独乐乐不如与人乐乐，寡乐乐不如与众乐乐，以齐宣王之昏，尚能承认之。美之为普遍性可知矣。且美之批评，虽间亦因人而异，然不曰是于我为美，而曰是为美，是亦以普遍性为标准之一证也。

蔡元培：《蔡元培哲学论著·以美育代宗教说》

美的情感，是专属于高等官能的印象，而且是容易移动的样子。他的根基上的表象，是常常很速的经过而且很易于重视；他自己具有一种统一性，而却常常为生活的印象所篡夺，而易于消失，因为实际的情感，是从经验上出发，而与生活状况互相关联为一体；理想的情感，乃自成为一世界的。所以持久性的不同，并不是由于情感的本质，而实由于生活条件的压迫，就是相伴的环境。

蔡元培：《蔡元培哲学论著·美学的趋向》

《记》曰："张而不弛，文武不能也；一张一弛，文武之道也。"故君子之于学者，藏焉修焉，息焉游焉。

梁启超：《梁启超选集》

人谁不见苹果之附地，而因以悟重力之原理者，惟有一奈端；人谁不见沸水之腾气，而因以悟汽机之作用者，惟有一瓦特；人谁不见海藻之漂岸，而因以觅得新大陆者，惟有一哥伦布；人谁不见男女之恋爱，而因以看人情取人情之大动机者，惟有一瑟士丕亚。无名之野花，田夫刈之，牧童蹈之，而窝儿哲窝士于此中见造化之微妙焉；海滩之僵石，渔者所淘余，潮雨所狼藉，而达尔文于此中悟进化之大理焉。故学莫要于善观。善观者，观滴水而知大海，观一指而知全身，不以其所已知蔽其所未知，而常以其所已知推其所未知，是之谓慧观。

梁启超：《梁启超选集》

于其编目，则有前曰《平准》，后云《食货》；古号《河渠》，今称《沟洫》；析《郊祀》，为《宗庙》，分《礼乐》，成《威仪》；《悬像》出于《天文》，《郡国》生于《地理》。如斯变革，不可胜计，或名非而物是，或小异而大同。但作者爱奇，耻于仍旧，必寻源讨本，其归一揆也。若乃《五行》、《艺文》，班补子长之阙；《百官》、《舆服》，谢拾孟坚之遗。王隐后来，加以《瑞异》；魏收晚进，弘以《释老》。斯则自我作故，出乎胸臆，求诸历代，不过一二者焉。

刘知几：《史通·书志第八》

昔王充设论，有《问孔》之篇，虽《论语》群言，多见指摘，而《春秋》杂义，曾未发明。是用广彼旧疑，增其新觉，将来学者，幸为详之。

刘知几：《史通外篇·惑经第四》

格致之学，在中国为治平之始基，在西国为富强之先导，比其根源非有殊也。古圣人兴物以全民用，智者创，巧者述，举凡作车行陆，作舟行水，作弧矢之利以威天下，所谓形上形下，一以贯之者也。后世歧而二之，而实事求是之学不明于天下，遂令前人创述之精意，潜流于异域。彼师其余绪，研究益精；竞智争能，日新月盛。虽气运所至，亦岂非用力独专欤？方今梅宇承平，中外揖睦，通使聘问，不绝于道。西国之讨论中华经史者，不乏其人，而吾儒亦渐习彼天文、地舆、器数之学。涉其藩，若浩博无涯涘；究其实，则于古圣人作述之原，未尝不有所见焉。甚哉，格致之功之不可不穷其流也。

薛福成：《出使英法义比四国日记》

盖凡有人类，能具二性：一曰受，二曰作。受者譬如曙日出海，瑶草作华，若非白痴，莫不领会感动；既有领会感动，则一二才七，能使再现，以成新品，是谓之作。故作者出于思，倘其无思，既无美术。然所见天物，非必圆满，华或槁谢，林或荒秽，再现之际，当加改造，俾其得宜，是曰美化，倘其无是，亦非美术。故美术者，有三要素：一曰天物，二曰思理，三曰美化。

鲁迅：《鲁迅全集·集外集拾遗补编·
疑播布美术意见书》

倘我们赏识美的事物，而以伦理学的眼光来论动机，必求其"无所为"，则第一先得与生物离绝。柳阴下听黄鹂鸣，我们感得天地间春气横溢，见流萤明天于丛草里，使人顿怀秋心。然而鹂歌萤照是"为"什么呢？毫不客气，那都是所谓"不道德"的，都在大"出风头"，希图觅得配偶。至于一切花，则简直是植物的生殖机关了。虽然有许多披着美丽的外衣，而且的则专在受精，比人们的讲神圣恋爱尤其露骨。

鲁迅：《鲁迅全集·集外集拾遗·诗歌之敌》